预防性维修策略下
备件需求预测与库存优化模型

白永生　胡起伟　郭驰名　石　全　著

国防工業出版社

·北京·

内 容 简 介

备件是实施设备维修所不可或缺的物质基础，是设备保障资源的重要组成部分。备件保障是否及时有效，在很大程度上影响设备的正常运行。要实现经济高效的备件保障，对备件需求的准确预测和备件库存的合理配置是重要基础和前提。

维修策略对于备件的需求与库存有直接而重要的影响，尤其是在不同的预防性维修策略下，备件需求的产生与库存补给有其不同的特点与规律。因此，本书在传统备件保障策略的基础上，深入分析预防性维修策略对备件保障决策的影响，重点研究了工龄更换、成组更换、基于状态的维修等典型预防性维修策略下备件消耗过程与规律，构建了上述维修策略下备件需求预测和库存决策模型；在此基础上，针对各种预防性维修策略下的更换周期、检测周期、最大备件库存水平、备件补充时机等决策变量，研究了相应的库存供应与决策优化关键技术，以提高备件保障的科学性和合理性。

本书既可供工程技术院校相关专业研究生和本科生学习使用，也可作为工程技术人员、生产管理或维修人员的参考用书。

图书在版编目（CIP）数据

预防性维修策略下备件需求预测与库存优化模型 / 白永生等著. -- 北京：国防工业出版社，2025.7.
ISBN 978-7-118-13773-6

Ⅰ. E145.6

中国国家版本馆 CIP 数据核字第 2025LU7116 号

※

国防工业出版社出版发行
（北京市海淀区紫竹院南路 23 号　邮政编码 100048）
北京凌奇印刷有限责任公司印刷
新华书店经售

*

开本 710×1000　1/16　印张 8¼　字数 142 千字
2025 年 7 月第 1 版第 1 次印刷　印数 1—1300 册　定价 88.00 元

国防书店：(010)88540777　　书店传真：(010)88540776
发行业务：(010)88540717　　发行传真：(010)88540762

前　言

备件的需求预测和库存优化一直是维修保障领域研究中的热点和难点问题之一，是实现经济高效备件供应保障的重要基础和前提。从一定程度上讲，故障规律和维修策略决定了备件的需求，也影响着其库存供应决策。尤其是随着预防性维修策略的广泛采用，备件的需求规律和库存策略也需要开展与之相应的探索研究。然而，目前相关研究很少同时考虑上述两个方面：对于备件的需求和库存决策，多是基于历史信息或只考虑修复性维修，而未充分考虑预防性维修策略的影响；对于预防性维修策略的优化，则通常假设任何时候都有维修所需数量的备件，而未考虑是否有充足的库存供应。因此，亟须分析研究预防性维修策略下备件需求的特点与规律，探索考虑预防性维修策略时备件库存决策的方法与技术。

本书针对备件保障中存在的“供过于求”和“供不应求”的突出矛盾，在传统备件保障策略的基础上，重点考虑工龄更换、成组更换、基于状态的维修等典型预防性维修策略，分析这些维修策略下备件需求与消耗的基本规律，研究相应的库存供应与决策优化关键技术，以提高备件保障的科学性和合理性。全书共 8 章。第 1 章介绍本书编写的背景与目的，以及与备件需求预测和库存优化模型相关的研究现状；第 2 章在分析预防性维修策略对备件决策影响的基础上，阐述备件需求产生与库存消耗的原理，并给出开展预防性维修策略下备件决策的基本思路；第 3 ~ 5 章，分别针对工龄更换、成组更换、基于状态的维修等典型预防性维修策略，分析上述策略下备件需求的产生过程，建立相应备件需求预测数学模型，并采用仿真技术进行了结果对比验证；第 6 ~ 8 章，分别分析工龄更换、成组更换、基于状态的维修等策略下备件库存控制过程，建立预防性维修与备件库存策略联合优化模型。

本书针对备件需求预测和库存优化问题，结合作者近年来在数学建模方面的一些研究成果，发表了自己的粗浅见解，希望能起到抛砖引玉的作用，对读者有所启发和借鉴。由于时间和水平所限，书中不妥之处在所难免，敬请读者批评指正。

作　者

2025 年 5 月

目　　录

第1章　绪　　论

1.1　引　　言

备件是实施设备维修不可或缺的物质基础，是设备维修保障资源的重要组成部分。相关统计表明：在影响设备可用度的主要因素中，等待备件的停机时间已超过修复性维修和预防性维修停机时间之和，成为制约可用度提高的“瓶颈”；在影响设备寿命周期费用的分解结构中，使用保障费用占 60%以上，而其中的备件费用占 25%～30%。

要实现经济高效的备件保障，对备件需求的准确预测和备件库存的合理配置是重要基础和前提。维修策略对于备件的需求与库存有直接而重要的影响，尤其是在不同的预防性维修策略下，备件需求的产生与库存补给有其不同的特点与规律。按照维修工作实施的时机，可以将维修策略分为修复性维修策略和预防性维修策略，而预防性维修策略又可分为工龄更换策略、成组更换策略、基于状态的维修策略等。因此，迫切需要分析各种预防性维修策略下备件需求的产生过程与规律，并结合相应的库存补给策略开展库存供应决策。

然而，目前国内外相关研究大多是针对故障后维修而展开的，未充分考虑预防性维修策略的影响，这就容易导致备件需求分析和库存储备决策偏离实际需求，使有限的备件费用难以发挥更大的经济效益。基于此，本书针对备件保障中存在的“供过于求”和“供不应求”的突出矛盾，深入分析预防性维修策略对备件保障的影响，在传统事后维修备件保障策略和模型的基础上，重点考虑工龄更换、成组更换、基于状态的维修等预防性维修策略，分析这些维修策略下备件需求与消耗的基本规律，研究相应的库存供应与决策优化关键技术，以增强备件保障的科学性和合理性，减少备件严重积压或严重不足的现象，进而提高设备的使用完好性，降低备件保障费用，为备件供应规划和配置优化提供理论与方法支持。

1.2 备件需求预测模型相关研究现状

备件需求预测是备件管理领域的核心研究方向之一，其目标是通过科学的方法准确预测备件的需求量，从而优化库存管理、降低运营成本并提高设备可用性。国内外在备件需求分析与决策研究领域开展了大量的相关研究，并建立了大量的模型。根据预测的基本原理，可将备件需求预测模型分为以下几类：

1.2.1 传统统计与概率模型

最为传统和经典的备件需求预测模型主要是基于历史数据和概率理论，适用于需求规律性较强的场景，包括时间序列模型和概率模型。

（1）时间序列模型。时间序列是指按照一定的时间间隔观察得到的依时间先后顺序排列而成的数列，时间序列模型是一种用于对按时间顺序排列的数据进行建模和分析的统计方法。用于备件需求计算的传统方法有指数平滑（Exponential Smoothing，ES）法、移动平均（Moving Averages，MA）法、Croston 法等，早期研究主要基于自回归积分滑动平均模型（AUTO-Regressive Integrated Moving Average Model，ARIMA）和指数平滑法，通过历史数据建模来预测铁路、电力等行业的备件需求。ARIMA 主要适用于平稳时间序列，捕捉趋势与季节性变化，常用于周期性备件（如铁路设备零部件）的需求预测。指数平滑法主要是通过加权历史数据预测未来需求，其主要特点是简单高效，但对突发性需求波动适应性差。

（2）概率模型。时间序列分析方法在很大程度上依赖于备件消耗的历史数据，在缺乏历史数据的情况下，该方法就不再适用了。在这种情况下，如果掌握了产品的可靠性和维修特征参数，就可以采用可靠性概率模型进行备件需求计算。概率模型是一种通过对数据的统计特征进行建模，以预测未来可能出现的数据情况的模型。有的研究人员系统地总结了影响备件需求的主要因素并给出了不同寿命分布类型备件需求量的计算模型；有的在备件需求量服从泊松分布假设条件下，给出了满足计划保障概率的备件需求量计算的数学模型；有的给出了影响备件需求的主要因素，以及常用的需求预测方法；还有的根据可修复备件与不可修复备件的不同特点，用不同的预测模型进行备件的需求预测。这些模型多是以保障度为约束条件给出的需求量计算模型。泊松过程模型主要假设备件需求服从泊松分布，适用于低故障率场景（如核电设备备件）。威布尔分布等寿命分布模型则是结合设备寿命分布预测备件需求，常用于机械部件寿命建模。马尔可夫链模型等主要通过状态转移矩阵描述设备故障模式，预测需求变化。

1.2.2　基于案例和仿真的需求预测方法

在上述方法中，基于时间序列的备件需求计算方法主要应用于有备件历史消耗数据的情况下，而基于可靠性概率的备件需求计算方法主要应用于有产品可靠性和维修特征参数的情况下。然而，在有些情况下，这两类数据都是不被掌握的，这就需要寻找其他可行的方法。

（1）基于案例的预测方法。如果存在相似案例的情况下，可以参考相似案例数据对备件的需求进行计算。因此，有相关人员运用基于案例的推理（Case Based Reasoning，CBR）技术提出一种备件需求的计算方法，研究了备件相似识别、相似度、相似基准系统等问题，并设计开发了基于案例推理的备件需求计算软件系统。也有专门针对基于案例的维修资源需求分析等关键技术的研究，主要包括维修资源智能化需求分析的推理机制、案例的表示和组织、案例的检索与调整等。

（2）基于仿真的预测方法。仿真方法主要对备件需求产生的过程进行模拟，统计需求量或评估备件供应保障策略的效能。例如，围绕如何准确预测航空备件需求进行研究，采用面向对象仿真方法建立了建模框架，根据备件需求产生的机理建立模型，采用仿真的方法预测备件的需求；有的人员建立了两级备件管理优化仿真模型和算法，根据系统状态的不同，把系统的备件保障过程划分为不同的事件链，在仿真的过程中随着仿真时间的推进和系统状态的变化，选择不同的事件链，当达到仿真结束条件，根据仿真得到的数据进行分析，可以得到系统平均意义上的特征参量；有的人员则在综合分析备件消耗影响因素的基础上，对部件的使用寿命过程进行了仿真，建立了备件消耗仿真预测模型。采用仿真方法进行预测，能解决一些解析方法不能处理的复杂问题，但对数据要求比较高，且仿真时间较长。

1.2.3 机器学习模型

机器学习是人工智能的一个核心分支，它赋予计算机系统无须明确编程即可学习和改进的能力。机器学习模型采用数据驱动方法，使用决策树、支持向量机、k–均值聚类、逻辑回归等各种算法，通过训练模型从数据中自动学习并改进，以实现备件需求的预测。

（1）传统机器学习模型。传统机器学习模型通常适用于结构化数据，能够处理有限的数据集并从中抽取规律，可分为监督学习模型、无监督学习模型、强化学习模型等。监督学习主要包括：支持向量机（Support Vector Machine，SVM），通过核函数处理非线性关系，适合小样本数据（如高价值备件）；集成学习（Ensemble Learning），代表性算法包括随机森林（Random Forest）、极端梯度上升（Extreme Gradient Boosting，XGBoost），在工业场景中广泛应用，可融合设备工况、环境因素等多维特征；梯度提升树（Gradient Boosting Decision Tree，GBDT），在供应链波动场景下表现优异，支持高维稀疏数据。无监督学习主要包括：聚类分析，根据故障模式（如故障类型、频次）对备件分类，制定差异化预测策略；主成分分析（Principal Component Analysis，PCA），通过降维后提取关键特征，简化模型复杂度。强化学习是在动态环境中（如供应链中断、设备突发故障），通过实时交互优化预测策略，其可用于航空领域基于设备实时状态调整备件订购优先级。

（2）深度学习模型。深度学习则是机器学习的一个子集，特指使用多层神经网络（深度神经网络）来进行学习的算法。它模仿人类大脑的结构和工作原理，通过构建和训练多层神经网络来自动提取和学习数据的特征。得益于深度学习网络内部的高复杂性，使其能够自动提取特征和学习表示，因此深度学习模型擅长处理大规模的非结构化数据。其主要包括：循环神经网络（Recurrent Neural Network，RNN），善于捕捉长期依赖关系，适用于周期性需求预测（如风电齿轮箱备件）；卷积神经网络（Convolutional Neural Network，CNN），可提取多维数据（如传感器信号、维修记录）的局部特征，用于多变量时序预测；Transformer 模型，可通过自注意力机制捕捉多变量间复杂关系，适用于高维非线性预测（如半导体制造设备备件）；生成对抗网络（Generative Adversarial Network，GAN），可用于模拟极端故障场景下的需求分布，增强模型对罕见事件的预测能力。

总的来说，备件需求预测的研究正从传统统计模型向智能化、动态化方向发展。国内研究在工业场景落地方面具有优势，而国外在理论创新和技术融合上更为领先。未来还需进一步加强预防性维修、供应链协同与需求预测的联合优化。

1.3　备件库存优化模型相关研究现状

备件库存优化是指以系统可用度、费用、满足率等为目标函数，对备件库存方案和保障策略进行优化决策的过程。本书从单级备件库存优化模型、多级备件库存优化模型、维修与备件库存联合优化模型的角度进行相关研究现状的综述。

1.3.1 单级备件库存优化模型

自20世纪60年代开始，Mann等研究人员先后对维修备件库存进行了综合研究，给出了一个计算最优订货点和订货批量的方法。他认为订货点等于订购提前期内的需求，虽然这种计算订货点和订货批量的方法容易理解和计算，但他没有把波动的需求率和难以确定的订货成本考虑进去。Haneveld等为低需求的贵重备件的库存成本提供了一个满意解，他考虑了备件故障导致的贵重设备工作不正常导致的巨大缺货成本情况。确定初期的备件采购策略时，假设设备具有无限生命周期，而在确定常规采购时，其生命周期则假设为有限的。

Gerson和Brown考虑了两种方法：一种是在全部库存投资的约束下使全部缺货成本最小；另一种是在全部库存投资的约束下使一个补货周期的缺货概率最小。Schrady和Choe给出了在全部库存投资的约束下，使时间为权重的延迟订货最小的模型。Schroeder给出了在年持有库存与订货总成本约束下，使每年全部缺货数量最小化的模型。Mitchell提出以在一个时期每个备件发生缺货的概率平均为约束，使持有库存成本和采购成本的总成本最小化的模型。Cohen等提出以填充率（以需求为权重）为约束，使全部的准备、缺货和库存成本最小化的备件库存模型。Sherbrooke提出了多部件、连续检查的备件策略，以全部时间为权重，以延迟订货为约束，使库存投资最小化的模型。Hopp等研究了在考虑订货频率和综合服务水平条件下，使库存投资最小化的问题，并提出了几种可实施的启发式算法，而且明确了每种启发式算法的最佳应用条件。Hill等阐述了满足不再制造设备备件需求的存储补充策略决策问题。假定使用中备件数量在减少，而且备件失效是随机的、服从指数下降的泊松分布，采用连续时间的动态规划决定使计划期的平均总的准备/订货、单位生产/采购、未满足需求和超储成本最小化的补充策略。Dekker等在将备件需求分为关键和非关键需求基础上，建议对关键备件采用保持库存的存储策略。对于泊松分布需求、确定订货提前期，采用连续批量存储策略，并通过模拟进行了验证。Thoneman等提出了一种使用简单的近似分析模型，是一种系统的方法，改进备件的连续检查库存策略，减少库存投资。

以可用度为中心的备件优化思想源于 20 世纪 80 年代初，美国海军为解决有限经费条件下舰载备件持续保障而提出的“基于战备完好性的备件配置”（Readiness Based Sparing，RBS）的开发。RBS 包括战备完好性评估技术、备件配置确定协调技术和确定维修等级、采购、修理及供应通道技术，其核心就是以可用度为中心的库存模型。

在国内，曹军海等从数学上给出了一种以可用度为中心的战备完好性备件库存控制模型，模型可计算设备细目结构中所有组件在各级别的维修机构中的库存水平，并在满足一定费用约束的条件下，使设备的使用可用度达到最大。秦永烈等研究了电站自控系统仪表备件库存优化模型，给出了 4 种情况下的库存决策模型。金锡万等对宝钢现存库存结构进行了简要分析，并提出了备件结构比例的优化模型。同时，对宝钢时限过长问题进行了研究，提出了库存时限控制的定性控制方法以及定量控制的数学模型。伏洪勇等从理论上探讨机群备件费用对使用可用度的影响。分析了使用可用度与备件费用的关系，建立了使用可用度与后勤保障和备件费用相关的模型。朱绍强等按照现代库存理论，综合权衡备件经费与设备的最大可用度，建立备件供应保障的优化模型。优化模型以备件经费为约束条件，以设备的最大可用度为目标，鉴于设备的可靠性、维修性和保障性，以及部队的综合保障能力，最终获取一个最优的备件分配方案。张金隆将备件的需求分为关键需求和非关键需求，研究了需求服从泊松分布、提前期等于常数的随机库存模型，提出当库存降低到预定水平，则预留存货以满足关键需求的控制策略，并给出了不同优先级备件服务水平的计算方法。最后结合实例，验证了所设计模型的优点和准确性。赵建民等提出备件的库存控制策略是离散的不确定型库存控制问题。以费用为目标函数，不缺备件概率为约束条件，运用概率论和库存论原理建立了备件库存限量的决策模型。王强等依据可靠性理论和设备维修决策理论，假设机械设备的寿命分布和维修时间分布均服从指数分布，将设备的部件分为可修复部件和不可修复部件两大类，对维修备件储备量进行科学决策分析，提出在给定使用可靠度和给定工作时间的情况下，确定机械设备维修备件储备量的计算模型和方法。

1.3.2 多级备件库存优化模型

备件管理中另一个主要问题是针对多级库存如何制定周期性备件订货。它是库存理论中较为复杂的问题，同时也是备件管理中的研究热点。最早关注设备备件多级库存的是兰德公司著名备件管理专家 Sherbrooke 博士，他在 20 世纪 60 年代提出了可修复备件控制多级技术（Multi Echelon Technique for Recoverable Item Control，METRIC）模型，它是在规定的库存系统投资水平下，优化库存系统的性能（全部预期订货延迟时间最小），能够用于确定一组可修建的基地与大修厂的库存量。该模型已广泛应用于军事领域。1973 年，Muckstadt 对 METRIC 模型做了进一步的扩展，给出了多备件、多订单情况下的 MOD-METRIC 系统模型。模型的目标是使最终产品的预期延迟订货的成本最小，而不是所有备件延迟订货的成本最小。Graves 在 METRIC 模型基础上，开发了为提高 METRIC 的对后订货数期望值的估计值模型，称为 VARI-METRIC 模型。他假定补给站的需求是泊松分布，采取连续检查的（S-1, S）策略用简单方法推出了 VARI-METRIC 模型，并通过数学仿真研究了该模型的精度。Slay 和 King 在 1987 年完成了飞机持续性模型的研究工作，将几项增强措施纳入 Dyna-METRIC 中。

因多级备件库存所采取的策略及算法的差异，研究结果有所不同。例如，Cohen 等研究了多级库存系统中使用量较少的备件库存策略问题，给出可以发现在满足服务水平下使系统总成本最小化的目标存储水平的表达式，并使用分支定界法获得最优存储策略。Diaz 和 Fu 分析了有限修理能力对库存控制的影响，给出了受修理能力限制的多级可修备件库存系统模型。他们认为假定修理能力是充足的，可能产生一个错误结论，求得的库存水平可能低于实际要求。对于多级库存优化来说，从 Sherbrooke 博士开始，在构建各种模型时，多是以备件延误时间或总成本最小为约束，按照多级库存总体最优的目标来建立不同条件下的库存模型。但背景不同，适用的范围有一定的差异。

1.3.3 维修与备件库存联合优化模型

备件优化决策除了对备件库存进行优化，还需要对备件的订购策略（如多长时间订购一次，每次订购量是多少）进行优化，这类问题能够通过设备可靠性设计数据进行回答。值得注意的是，许多学者已经认识到维修和备件关联密切，并且研究建立了许多关于备件与维修联合优化的模型，从而将备件的订购策略和维修决策联合起来进行优化。单级库存优化有两个重要的问题：一是如何合理分配库存金额，提高整体服务水平；二是如何将备件库存策略与维修策略整合，实现两者的联合优化。实施维修工作一般都需要一定的备件，大部分维修策略都假设任何时候都有维修所需的任意数量的备件。然而，实际中由于费用和场地等原因使得库存中备件数量有限，因此相关备件是否可用是决定维修项目和维修时间的重要因素。涉及备件的维修模型与一般维修模型的区别在于前者不仅要考虑系统维修工作，也要对维修备件的采购和储存进行建模。

比较典型的维修和备件订购联合管理策略有以下几种：释恒璐和葛广平研究了不同部件冷储备系统的最优备件订购策略问题，并且把替换下来的部件所能回收的费用引入模型假设，其中紧急订购备件的交付周期为随机变量，正常订购的交付时间为常数。Dohi 等提出了订购更换模型，其中如果系统在 t_0 时刻之前发生故障，则立即进行紧急订购，备件到达之后更换系统；如果系统在 t_0 时刻仍然正常运行，则马上进行正常订购，之后根据备件可用情况和系统失效情况进行维修决策。该模型中紧急订购和正常订购的费用、交付时间都不相同，并且两类订购的交付时间为服从不同分布的随机变量。Kahir 和 ALolayan 对（S, s）备件订购策略进行了深入的研究，一方面系统基于工作时间进行预防维修决策；另一方面初始备件库存水平设为 S（即最大备件库存水平），在使用过程中（备件由于预防维修或者故障后维修而减少），如果备件个数减小到 s，则立即订购 $S \sim s$ 数量的备件。日本学者 Kgwai 根据马尔可夫理论，给出了单设备系统基于状态的维修和备件采购联合管理策略。

在该策略中，系统劣化过程分为离散的若干状态（如 D_1，D_2，…，D_L，劣化程度依次加重），如果检查中发现系统状态大于或等于 D_i，则立即订购备件；如果检查中发现系统状态大于或等于 D_j，$j \geqslant i$，并且备件可用，则立即进行系统更换，否则等备件到达后再更换系统。目前，关于基于状态的维修的备件订购策略研究还很少。

为了简化建模的复杂性，许多模型都作了必要的假设。然而，实际情况往往比建模中考虑的情况要复杂很多。近年来，就一些实际情况，许多学者针对备件优化决策的一些复杂问题开展了专题研究，这里重点阐述如下三个方面的问题：

（1）考虑费用约束的备件优化决策。在实际的备件管理工作中，往往并不是在经费充足的情况下制订备件库存方案的。因此，如何在有限的经费条件下，制订优化的备件库存方案使设备保持一定的可用度水平，是人们普遍关心的问题。Rustenburg 等探讨了为确保达到一定的系统可用度需要储备的备件，并研究了在费用约束情况下的备件供应策略。Costantino 等以费用和可用度为约束，研究建立了以最小化延期交货时间为目标的备件储备优化模型。

（2）有限修理能力情况下的备件优化决策。传统的备件优化决策模型都是假设有充足修理能力的，从而会导致备件优化决策结果与实际需求相比存在很大误差。为此，许多文献研究了修理能力对库存系统的影响，并且建立了有限修理能力情况下的多级可修备件优化模型，从而降低备件采购费用。还有一些学者考虑了备件和修理能力的联合优化问题，Sleptchenko 等、Buyukkaramikli 等研究建立了库存水平和修理能力的联合优化模型，de Smidt-Destombes 等开展了表决系统备件库存量、维修策略和修理能力的联合优化模型。Rappold 和 Van Roo 研究了修理设施选址、仓库选址和修理能力规划的联合优化模型。Jin 等采用博弈论建立了维修、备件库存和修理能力的联合优化模型。

（3）考虑横向保障的备件优化决策。横向保障是指同级备件仓库相互之间进行的备件调剂和供应，可以按照事先确定的间隔期或者库存下限主动进行横向供应，也可以在本级库存缺乏备件时进行横向供应。Paterson 等区分主动和被动横向保障，以及单级、多级、分散、共用库存等类型的备件保障系统，对相关文献进行了综述，此处不再详述。

1.4 本书内容框架

本书在传统备件保障策略的基础上，深入分析预防性维修策略对备件保障决策的影响，重点分析工龄更换、成组更换、基于状态的维修等典型预防性维修策略下备件消耗过程与规律，构建上述维修策略下备件需求预测和库存决策模型；并针对各种预防性维修策略下的更换周期、检测周期、最大备件库存水平、备件补充时机等决策变量，研究相应的库存供应与决策优化关键技术，以提高备件保障的科学性和合理性。

全书共 8 章，主要内容如下。

第 1 章为绪论。本章介绍了本书编写的背景与目的，以及与备件需求预测和库存优化模型相关的研究现状，并对当前研究现状进行了分析，进一步给出了本书的主要研究内容。

第 2 章为预防性维修策略下备件决策需求分析。本章在分析预防性维修策略对备件决策影响的基础上，阐述了备件需求产生与库存消耗的原理，并给出开展预防性维修策略下备件决策的基本思路。

第 3 章为工龄更换策略下备件需求预测模型。本章针对工龄更换策略，分析了备件需求的产生过程，建立了备件需求预测模型，得出了工龄更换策略下备件需求计算方法，并通过仿真技术与之进行了结果对比与验证。

第 4 章为成组更换策略下备件需求预测模型。本章针对成组更换策略，分析了备件需求的产生过程，建立了备件需求预测模型，得出了成组更换策略下备件需求计算方法，并通过仿真技术与之进行了结果对比与验证。

第 5 章为基于状态的维修策略下备件需求预测模型。本章针对基于状态的维修策略，分析了备件需求的产生过程，建立了备件需求预测模型，得出了基于状态的维修策略下备件需求计算方法，并通过仿真技术与之进行了结果对比与验证。

第 6 章为工龄更换与备件库存策略联合优化模型。本章分析了工龄更换策略下备件库存控制过程，对该策略下备件系统维修保障费用进行了分析与建模，通过维修与保障过程仿真分析，实现了工龄更换与备件库存策略的联合优化。

第 7 章为成组更换与备件库存策略联合优化模型。本章分析了成组更换策略下备件库存控制过程，对该策略下备件系统维修保障费用进行了分析与建模，通过维修与保障过程仿真分析，实现了成组更换与备件库存策略的联合优化。

第 8 章为基于状态的维修策略与备件库存策略联合优化模型。本章分析了基于状态的维修策略下备件库存控制过程，对该策略下备件系统维修保障费用进行了分析与建模，通过维修与保障过程仿真分析，实现了基于状态的维修与备件库存策略的联合优化。

第2章 预防性维修策略下备件决策需求分析

备件的需求预测和配置优化一直是维修保障领域研究中的一个热点和难点问题。从本质上讲，备件的需求来源于预防性维修和故障后维修所需进行的备件更换。然而，目前相关研究很少同时考虑上述两个方面：对于备件的库存决策，多是基于历史信息或只考虑修复性维修，而未充分考虑预防性维修策略的影响；对于预防性维修策略的优化，则通常假设任何时候都有维修所需数量的备件，而未考虑是否有充足的库存供应。因此，亟须分析研究预防性维修策略下备件需求的特点与规律，探索考虑预防性维修策略时备件库存决策的方法与技术。

2.1 预防性维修对备件决策的影响

2.1.1 预防性维修策略

为了排除或预防故障，就要实施维修保障活动。从总体上来讲，维修可分为两类活动：一类是为恢复产品规定的状态而进行的活动，称为修复性维修，也称为事后维修或修理，它是在产品发生故障后采取的恢复性措施；另一类是为保持产品规定的状态而进行的活动，称为预防性维修，它是为防止产品发生故障而在故障之前采取的措施。

常见的预防性维修策略可分为工龄更换策略、成组更换策略、基于状态的维修策略等。其中，工龄更换是指按每个产品的实际使用时间（工龄）进行的定时更换策略；即在使用过程中即使无故障发生，到了规定的更换工龄 T_r 也要进行更换；如未到规定更换工龄 T_r 发生了故障，则更换新品。无论是预防性更换还是故障后更换，都要重新记录该产品的工作时间，如图 2-1 所示。

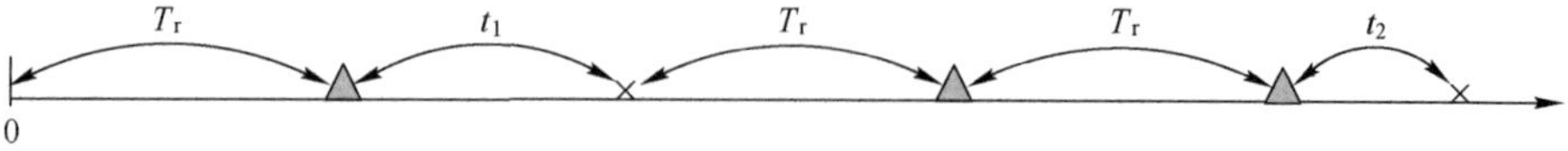

△ —按规定工龄 T_r 进行预防性更换；
× —发生随机故障后进行故障后更换。

图 2-1　工龄更换策略

和工龄更换不同，成组更换是指产品在等间隔时间点进行周期预防更换，产品发生故障而导致的故障后更换不影响周期预防更换计划；即在产品的使用过程中，每隔预定的更换间隔时间 T_r，就将正在使用的全部同类产品进行更换，即使个别产品在此间隔内因发生故障更换过，到达更换时刻 T_r 时也一起更换，如图 2-2 所示。

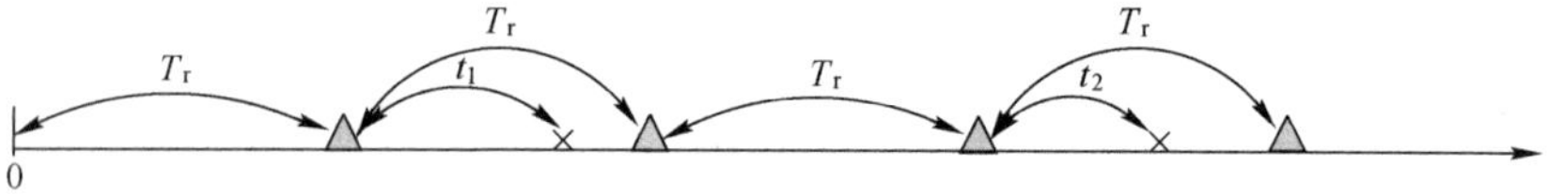

△—按规定工龄 T_r 进行预防性更换；
×—发生随机故障后进行故障后更换。

图 2-2　成组更换策略

基于状态的维修与上述计划性维修方式不同，它主要是通过实时或定期的状态监测，发现产品出现性能退化时就进行调整、维修或更换工作，从而避免其进一步劣化引发严重的故障后果或恶劣影响。针对维修实际，这里研究开展定期状态检测时，所对应的维修周期优化方法。

其具体维修过程是：每经过一定的时间，对产品进行一次状态检测，根据其状态决断维修方式，如图 2-3 所示。若检测时发现其呈现异常，超出正常状态阈值，但又未达到故障阈值，则进行预防性更换（如图中 A 点）；若检测时发现无异常现象或未超过故障阈值，则不采取任何措施，继续使用（如

图中 B 点）。在使用过程中，若两次状态检测之间发生了功能故障，则立即停机进行更换（如图中 C 点）。

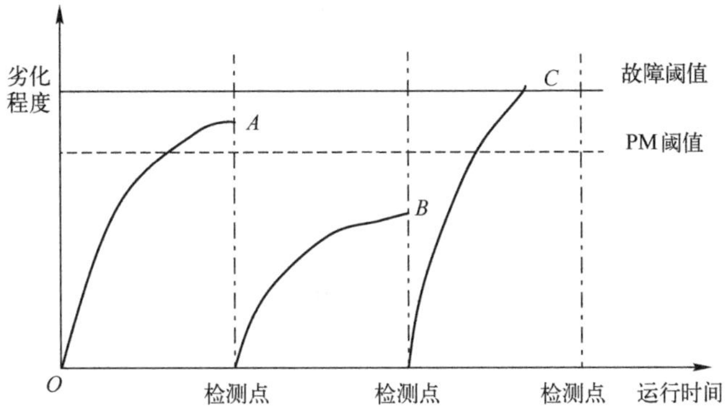

图 2-3　基于状态的维修策略

不难看出，针对产品采取不同的维修策略，其备件的消耗规律和需求也是不同的。所以，进行备件需求预测和库存优化必须充分考虑产品的维修策略。

2.1.2　预防性维修策略下备件需求产生与库存消耗原理

当不考虑预防性维修时，假设发生故障就更换备件，那么备件需求的产生过程就是一个关于故障规律的随机过程，如图 2-4 所示。例如，当产品寿命为指数分布时，其故障的发生服从于泊松过程，备件的需求率是平稳的，可根据泊松过程基本性质得出。目前，许多备件需求和库存决策方法、技术和模型等研究，都是基于此开展的。

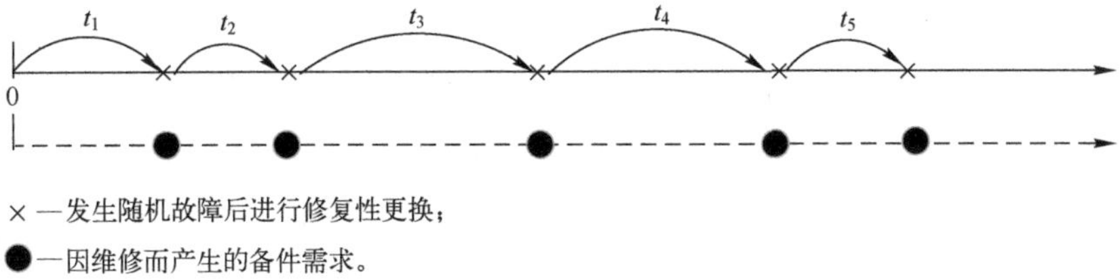

图 2-4　不考虑预防性维修时的备件需求产生过程

而考虑预防性维修策略时，从备件需求的角度，不仅发生故障后需要更换备件，到了预防性更换的时机即使未发生故障也需要更换备件。因此，这种情况下备件需求的产生过程是一个综合反映产品故障规律和维修策略的随机过程，如图 2-5 所示。这时就需要同时考虑预防性更换和修复性更换所产生的备件需求。

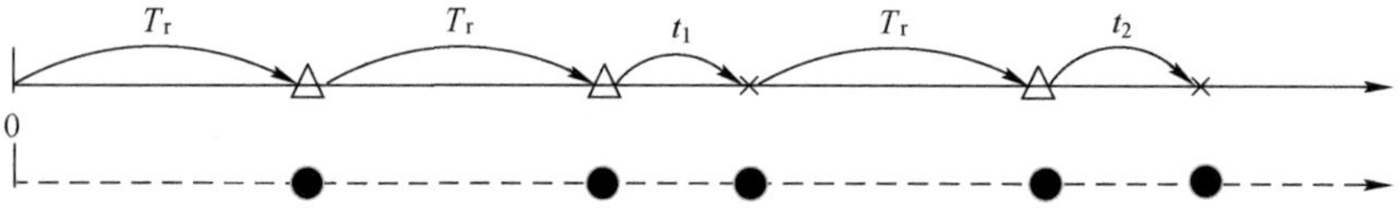

△—按预定间隔期进行预防性更换；

×—发生随机故障后进行修复性更换；

●—因维修而产生的备件需求。

图 2-5　考虑预防性维修时的备件需求产生过程

同样，当考虑预防性维修策略时，备件库存也需要由传统的“应对随机故障”转换为“支持预防性更换”，其库存消耗与补给策略都要随之调整。首先，库存控制参数需要重置。由于预防性维修有效减少了故障的发生，安全库存量、库存补给时机和补给量、最大库存等都需要与预防性维修策略联合优化。其次，备件管理策略需要调整。对于高价值或关键备件，需要与预防性维修策略联动，避免库存积压造成闲置浪费；而对于低价或通用性备件，则可结合订购策略适当提高库存水平。再次，供应模式需要优化。对于供货周期较长的备件，需早于预防性维修计划启动采购；对于易退化的备件，则应避免过早采购，尽量按需订购。

因此，如何准确预测备件需求，如何科学开展后续的备件库存决策，需要基于产品的寿命分布特性，结合具体的预防性维修策略，进行备件需求规律、备件库存消耗规律、备件订购策略、库存补充时机等的分析和联合优化。

因此，本书在传统备件保障策略的基础上，重点考虑工龄更换、成组更换、基于状态的维修策略，开展在这些预防性维修策略下备件需求预测和库存优化研究，以提高备件保障决策的科学性和合理性，为保持乃至提高设备的可用性和经济性提供科学的理论、方法和技术手段支持。

2.2　预防性维修策略下备件决策基本思路

2.2.1　考虑预防性维修的备件需求预测基本思路

针对预防性维修策略下备件需求预测，本书考虑常见的工龄更换、成组更换、基于状态的维修等预防维修策略，分析其相应的备件消耗产生过程，建立备件需求预测数学模型，并采用仿真的方式进行验证。其基本研究思路如下（图 2-6）：

首先，分析预防维修策略下备件需求的产生过程。结合工龄更换、成组更换、基于状态的维修等策略的特点与实施方式，分析维修过程中备件需求的产生机理与原因，准确描述相应预防维修策略下备件需求的产生过程。

其次，建立考虑预防维修策略的备件需求预测数学模型。在上面备件需求产生过程分析的基础上，结合维修策略的特点和备件故障规律，应用相应数学理论与方法，建立工龄更换、成组更换、基于状态的维修等预防维修策略下备件需求预测模型。

再次，采用仿真方式对备件需求预测数学模型结果进行验证。为了验证所建立备件需求预测数学模型及相应求解算法的正确性，采用计算机仿真的方式对不同维修策略下备件需求过程进行模拟，将其仿真结果与数学模型计算结果进行比对。

最后，给出所建立备件需求预测数学模型的应用算例。在完成备件需求预测模型仿真验证的基础上，通过算例的形式，给出数学模型的应用方法，并进行初步效果验证。

2.2.2　考虑预防性维修的备件库存优化基本思路

针对预防性维修策略下备件库存优化，本书同样考虑常见的工龄更换、成组更换、基于状态的维修等预防维修策略对备件保障决策的影响，基于备件需求特点及消耗规律，建立综合考虑维修策略与备件库存控制的联合决策模型，实现对预防性维修间隔期、备件订购间隔期及最大库存水平等的联合优化（图 2-7）。

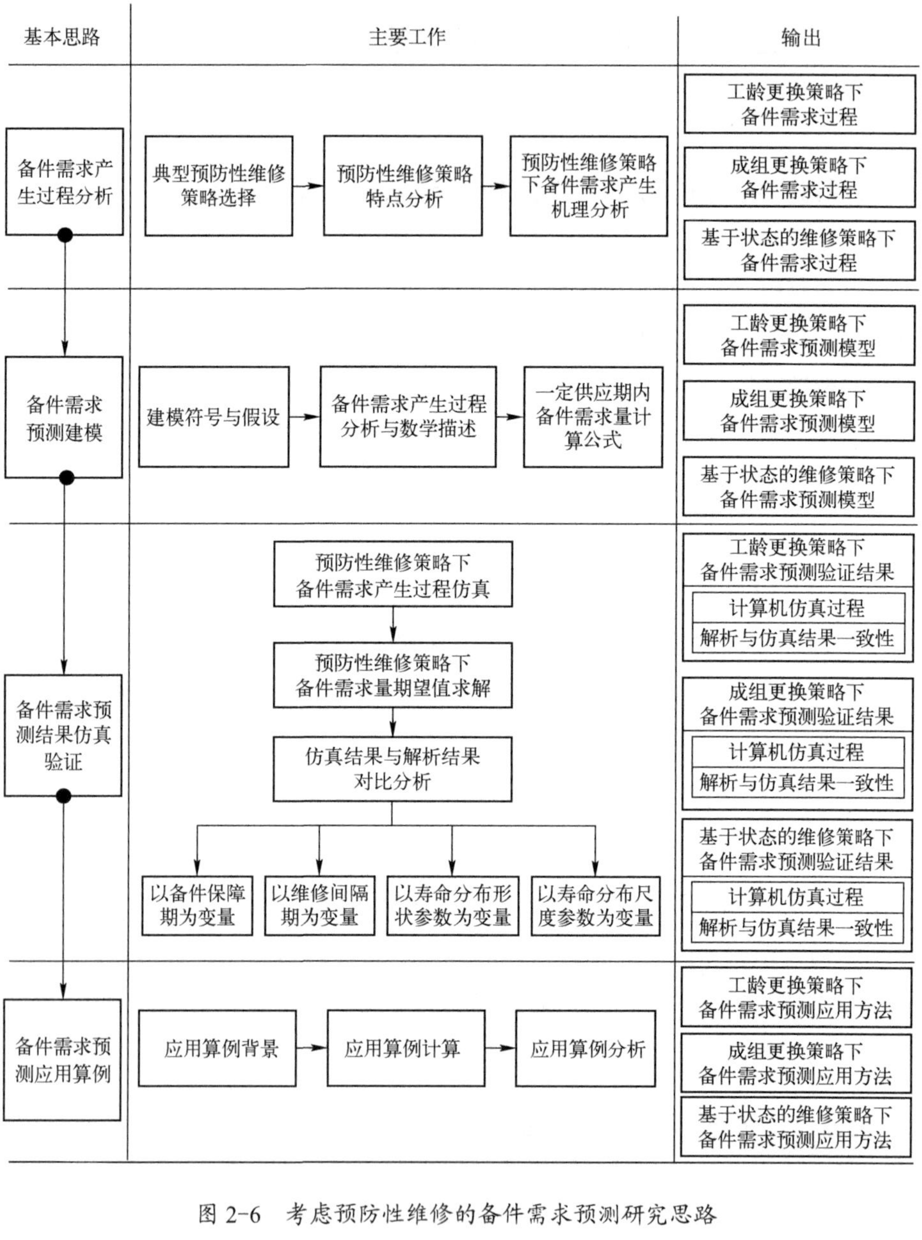

图 2-6　考虑预防性维修的备件需求预测研究思路

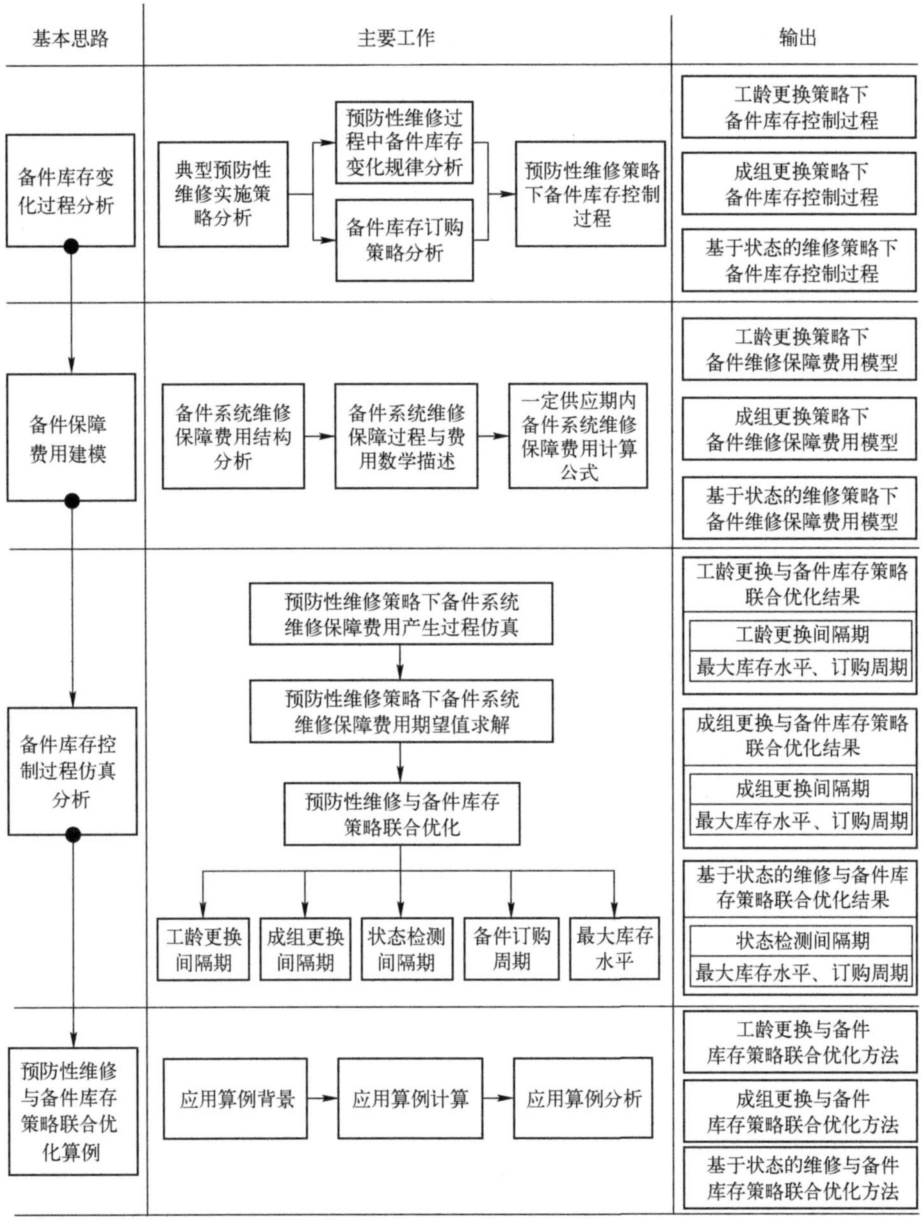

图 2-7　考虑预防性维修的备件库存优化研究思路

首先，分析预防性维修策略下备件库存变化过程。针对工龄更换、成组更换、基于状态的维修等策略的特点与实施方式，分析维修过程中备件库存变化规律，结合库存订购策略，准确描述相应预防性维修策略下备件库存控制过程。

其次，建立备件库存控制过程中的保障费用模型。在上面备件库存控制过程分析的基础上，结合备件库存保障和预防性维修实际，采用数学建模、计算机仿真的方式，建立备件维修保障费用模型，并进行预防性维修与库存策略的联合优化。

最后，进行预防性维修策略下备件库存优化的算例求解与分析。通过算例的形式，分析维修策略、库存策略的改变对备件系统维修保障费用的影响规律，进行预防性维修与备件库存策略的联合优化，为后续维修决策、维修保障资源规划等工作提供参考依据。

第 3 章　工龄更换策略下备件需求预测模型

本章针对传统备件需求量计算模型未考虑预防性维修的问题，分析工龄更换策略下备件需求的产生机理与过程，研究建立工龄更换策略下备件需求量计算模型，并探讨模型求解算法，为准确计算备件需求量提供有效的方法工具。

3.1　工龄更换策略下备件需求过程分析

工龄更换又称为个别定时更换，是指按每个产品的实际使用时间（工龄）进行的定时更换，即在设备中的单个产品，在使用过程中即使无故障发生，到了规定的更换工龄 T_0 也要进行更换；如未到规定更换工龄 T_0 发生了故障，则更换新品。无论是预防性更换还是故障后更换，都要重新记录该产品的工作时间。这相当于对计时器进行了一次清零，下次的预防性更换时间，应从这一时刻算起。

根据上述工龄更换的基本概念，可得该种维修策略下备件需求产生的基本过程，如图 3-1 所示。

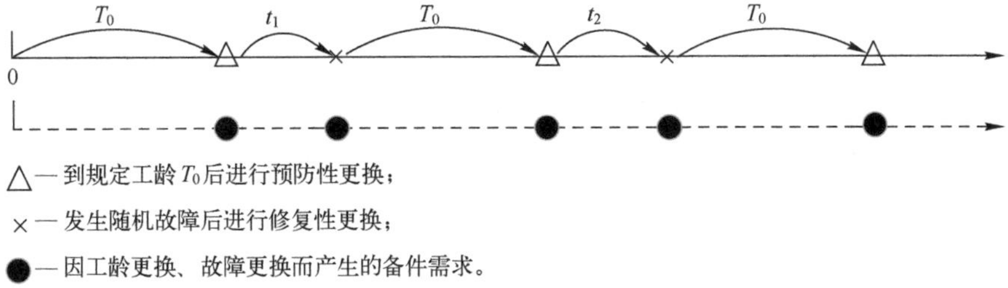

图 3-1　工龄更换策略下备件需求产生过程

（1）当到达 T_0 时未出现故障，需进行预防性更换，产生预防性更换备件的需求。

（2）当到达 T_0 前出现故障，需进行修复性更换，产生故障后更换备件的需求。

由于本章的研究对象为不可修备件，所以假设每次都采用新品进行更换，即每次更换以后都将产品恢复到“新品”状态。因此，就可以将工龄更换策略下备件需求量计算问题转换如下：如何根据事先确定的更换工龄 T_0，计算在一定的使用时间 S 内的备件需求量，从而为备件筹措和供应提供科学依据。下面将重点说明备件需求量计算模型的基本原理和方法。

3.2 工龄更换策略下备件需求预测建模

3.2.1 符号与假设

符号与假设包括：

（1）T_0：更换工龄，单位可以为使用时间（如里程、次数等），也可以为日历时间（如天、周、月、年等）。

（2）t：产品使用时间。

（3）P：备件需求量计算的供应期长度，为了与 T_0 相一致，采用日历时间。

（4）$\mathrm{EN}(P, T_0)$：更换工龄为 T_0 时，供应期 S 内的备件需求量。

（5）$\overline{\mathrm{EN}}(P, T_0)$：更换工龄为 T_0 时，供应期 S 内的备件需求率。

（6）T_p，T_f：分别表示平均预防性更换时间和平均故障后更换时间。一般情况下，预防性维修间隔期要远远大于设备修理时间，并且故障后更换会有故障隔离与定位等时间消耗，所以故障后更换时间往往大于预防性更换时间，故假设 $T_0>T_\mathrm{f}>T_\mathrm{p}$。

（7）$F(t)$，$R(t)$，$f(t)$，$\lambda(t)$：分别表示累积故障分布函数、可靠度函数、故障密度函数和故障率函数，它们都是关于使用时间 t 的函数。

3.2.2 数学建模

根据设备维修的实际情况，首先按照供应期 S 的长短，对产生备件需求的情况分析如下：

（1）当 $0 \leqslant P \leqslant T_f$ 时，由于还未进行完故障后更换就已达到使用期限，所以即便是产品发生了故障也无须进行更换。所以，此时备件的需求量应为 0。

（2）当 $T_f < P \leqslant T_0 + T_f$ 时，根据实际情况，即使到达更换供应期 T_0 也没必要进行预防性更换，因为还没对其修好就已达到使用期限 P；如果故障发生在非常接近 P 的时刻，也会发生同样情况，即还没对其修好就到达使用期限 P，故只有在 $P-T_f$ 前发生故障时才进行故障后更换。所以，此时的备件需求量只有故障后更换的备件需求，不存在预防性更换的备件需求。

（3）当 $P > T_0 + T_f$ 时，当到达工龄 T_0 时进行预防性更换；当在 $P-T_f$ 前发生故障时进行故障后更换。所以，此时既有故障后更换产生的备件需求，也有预防性更换产生的备件需求。

根据上述情况分析，下面将分别按照上述三种情况建立工龄更换策略下备件需求量计算模型：

情况Ⅰ：$0 \leqslant P \leqslant T_f$

此种情况属于上述问题的第一种，根据上述分析可知，在 $0 \leqslant P \leqslant T_f$ 情况下的备件需求量为 0，即

$$\mathrm{EN}(P, T_0) = 0 \tag{3-1}$$

情况Ⅱ：$T_f < P \leqslant T_0 + T_f$

根据上述第二种情况可知，此时并不存在预防性更换的情况，备件需求量应该为进行故障后更换的备件需求，即为产品在[0, S]时间内的期望故障次

数，它是与故障分布函数 $F(t)$相对应的更新过程。所以，根据更新过程模型，可得此时备件需求量的表达式为

$$\begin{aligned}\mathrm{EN}\left(P,T_0\right) &= \int_0^{P-T_\mathrm{f}} [1+\mathrm{EN}(P-t-T_\mathrm{f},T_0)]\cdot \mathrm{d}F(t) \\ &= \int_0^{P-T_\mathrm{f}} [1+\mathrm{EN}(P-t-T_\mathrm{f},T_0)]\cdot f(t)\mathrm{d}t\end{aligned} \tag{3-2}$$

情况III：$P>T_0+T_\mathrm{f}$

根据上述第三种情况可知，此时既存在故障后更换，又存在预防性更换。假设首次故障发生在 t 时刻。

当 $t<T_0$ 时，此时还没来得及做预防性更换就发生了故障，应该进行故障后更换，产生一次故障后更换备件需求，此时修复时间为 T_f，则有

$$\mathrm{EN}(P,T_0)=1+\mathrm{EN}(P-t-T_\mathrm{f},T_0) \tag{3-3}$$

当 $t>T_0$ 时，由于故障发生在预防性更换时间 T_0 时刻以后，应该先进行预防性更换，产生一次预防性更换的备件需求，此时修复时间为 T_p，则有

$$\mathrm{EN}(P,T_0)=1+\mathrm{EN}(P-T_0-T_\mathrm{p},T_0) \tag{3-4}$$

已知产品在[0, T_0]时间内发生故障的概率应为该产品在 T_0 时刻的不可靠度，而产品在该时间段内可靠工作的概率应为该产品在 T_0 时刻的可靠度。所以，可得当 $P>T_0+T_\mathrm{f}$ 的情况下备件需求量的计算公式为

$$\begin{aligned}\mathrm{EN}(P,T_0) &= \int_0^{T_0}[1+\mathrm{EN}(P-t-T_\mathrm{f},T_0)]\cdot \mathrm{d}F(t)+ \\ &\quad [1+\mathrm{EN}(P-T_0-T_\mathrm{p},T_0)]\cdot R(T_0) \\ &= \int_0^{T_0}[1+\mathrm{EN}(P-t-T_\mathrm{f},T_0)]\cdot f(t)\mathrm{d}(t)+ \\ &\quad [1+\mathrm{EN}(P-T_0-T_\mathrm{p},T_0)]\cdot R(T_0)\end{aligned} \tag{3-5}$$

综合式（3-1）、式（3-2）和式（3-5），即可得到整个供应期 S 内的备件需求量计算公式，即

$$\mathrm{EN}(P,T_0)=\begin{cases}0 & ,0\leqslant P\leqslant T_\mathrm{f}\\ \int_0^{S-T_\mathrm{f}}[1+\mathrm{EN}(P-t-T_\mathrm{f},T_0)]\cdot f(t)\mathrm{d}t & ,T_\mathrm{f}<P\leqslant T_0+T_\mathrm{f}\\ \int_0^{T_0}[1+\mathrm{EN}(P-t-T_\mathrm{f},T_0)]\cdot f(t)\mathrm{d}(t)+ & \\ \quad [1+\mathrm{EN}(P-T_0-T_\mathrm{p},T_0)]\cdot R(T_0) & ,P>T_0+T_\mathrm{f}\end{cases}\tag{3-6}$$

有时，人们往往更为关心的是单位时间内备件的需求量，即备件需求率。因此，根据备件需求量可以计算得到备件的需求率，即

$$\overline{\mathrm{EN}}(P,T_0)=\mathrm{EN}(P,T_0)/P\tag{3-7}$$

3.3　工龄更换策略下备件需求仿真技术

为了验证上面所建立数学建模的正确性，以及计算结果的准确性，这里基于备件的故障发生规律，采取仿真的形式来对工龄更换策略下备件消耗进行预测。

基于上面备件需求设备过程分析，利用计算机对模型进行迭代仿真来实现求解，其主要步骤如下（图 3-2）。

（1）仿真过程与参数初始化，根据设备的实际使用与动用情况，确定其备件的寿命分布函数及参数、备件保障期 S、预防性更换时间 t_p，故障后更换时间 t_f，以进行后续过程的仿真。

（2）利用计算机产生符合备件寿命分布的随机数，得到第一个备件的实际寿命 t。

（3）结合工龄更换策略，判断备件后续的工作和维修情况。如果 $t<T_0$，说明其不能工作到后面第一次工龄更换时刻，会在之前发生故障，此时产生故障更新，即 N_f会增加 1，再加上故障后更换所需的时间 t_f，备件消耗的总时间为 $t+t_\mathrm{f}$。

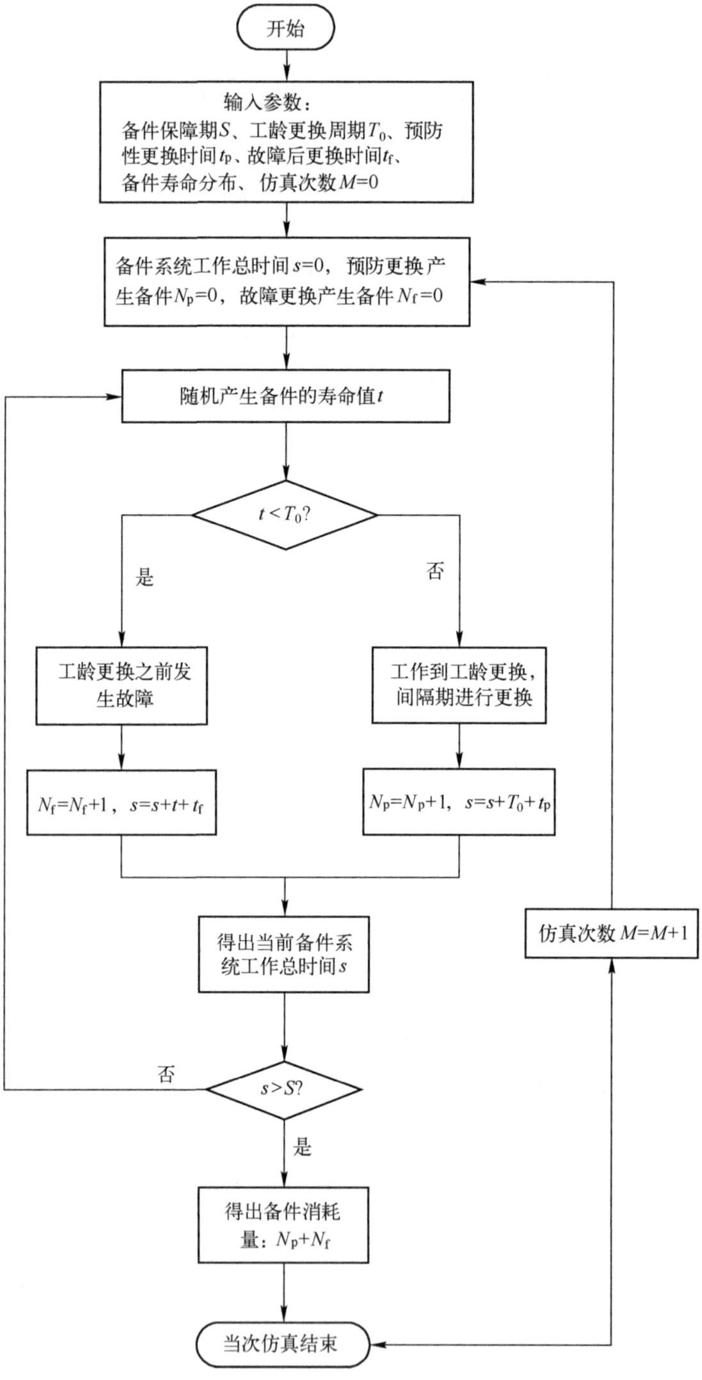

图 3-2　工龄更换策略下备件消耗仿真过程

（4）如果 $t \geqslant T_0$，说明其能工作到后面第一次工龄更换时刻，此时产生预防性更新，即 N_p 会增加 1，再加上预防性更换所需的时间 t_p，备件消耗的总时间为 T_0+t_p。

（5）得出备件系统总的工作时间 s，然后判断其与备件保障期 S 的关系。如果 $s>S$，即可得出备件消耗量为 N_p 与 N_f 之和；否则继续产生符合分布的备件寿命值，重复上面步骤，直到备件系统工作时间达到保障期。

（6）重复上面步骤，对系统仿真 M 次，然后对所得到的备件消耗量求平均值，即可得出该工龄更换策略下备件消耗量的期望值。

3.4　解析模型与仿真结果对比分析

上面两节分别建立了工龄更换策略下备件需求量的解析模型和仿真过程，这里给出一个假设算例，然后分别采用两种方法进行计算，对比其结果的差异性，并分析各种决策变量对预测结果的影响程度。

3.4.1　备件需求量随备件保障期变化情况

固定备件寿命分布及参数，以及工龄更换间隔期，改变备件保障期的长短，分别采用解析模型和仿真方法，计算备件需求量的大小（以寿命服从形状参数为 3，尺度参数为 80 天的威布尔分布，工龄更换周期为 60 天为例）。保障期取值以及对应的解析模型计算结果和仿真结果如表 3-1～表 3-3 所示。

表 3-1　备件保障期取值

序号	1	2	3	4	5	6	7	8	9	10
保障期/天	100	200	300	400	500	600	700	800	900	1000
序号	11	12	13	14	15	16	17	18	19	20
保障期/天	1100	1200	1300	1400	1500	1600	1700	1800	1900	2000

表 3-2　解析法计算得到的备件需求量

序号	1	2	3	4	5	6	7	8	9	10
保障期/天	100	200	300	400	500	600	700	800	900	1000
备件需求量/个	1.235	3.210	5.042	6.907	8.839	10.781	12.729	14.713	16.7234	18.754
序号	11	12	13	14	15	16	17	18	19	20
保障期/天	1100	1200	1300	1400	1500	1600	1700	1800	1900	2000
备件需求量/个	20.812	22.896	25.006	27.142	29.306	31.496	33.714	35.960	38.233	40.536

表 3-3　仿真法得到的备件需求量（仿真次数取 3000）

序号	1	2	3	4	5	6	7	8	9	10
保障期/天	100	200	300	400	500	600	700	800	900	1000
备件需求量/个	1.240	3.189	5.040	6.865	8.703	10.561	12.407	14.230	16.0683	17.900
序号	11	12	13	14	15	16	17	18	19	20
保障期/天	1100	1200	1300	1400	1500	1600	1700	1800	1900	2000
备件需求量/个	19.749	21.577	23.466	25.257	27.08400	28.964	30.782	32.6289	34.4897	36.310

两种方法得到的结果如图 3-3 所示。为了分析解析法和仿真法在备件需求量计算结果上的一致性，采用两者之差的绝对值除以解析值，然后再求其均值的方式进行计算，即

$$V=\frac{\sum_{i=1}^{L}\frac{\left|\mathrm{EN}_{ai}-\mathrm{EN}_{bi}\right|}{\mathrm{EN}_{ai}}}{L}$$

式中：EN_{ai} 为第 i 个解析计算值；EN_{bi} 为第 i 个仿真计算值；L 为计算值样本量。

将计算结果代入上式，可得 $V=0.0487$。

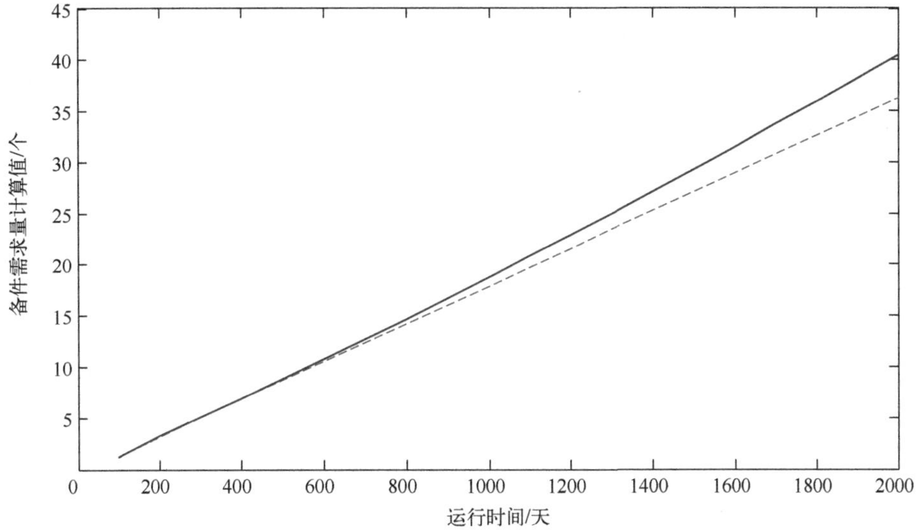

（实线代表解析算法，虚线代表仿真方法）

图 3-3　解析模型和仿真法得到的备件需求预测值

3.4.2　备件需求量随工龄更换间隔期变化情况

固定备件寿命分布及参数，以及备件保障期，改变工龄更换间隔期的长短，分别采用解析模型和仿真方法，计算备件需求量的大小（以寿命服从形状参数为 3，尺度参数为 80 天的威布尔分布，备件保障期为 360 天为例）。工龄更换间隔期取值以及对应的解析模型计算结果和仿真结果如表 3-4～表 3-6 所示。

表 3-4　工龄更换间隔期取值

序号	1	2	3	4	5	6	7	8	9
间隔期/天	30	40	50	60	70	80	90	100	110
序号	10	11	12	13	14	15	16	17	18
间隔期/天	120	130	140	150	160	170	180	190	200

表 3-5　解析法计算得到的备件需求量

序号	1	2	3	4	5	6	7	8	9
间隔期/天	30	40	50	60	70	80	90	100	110
备件需求量/个	11.339	8.637	7.292	6.177	5.563	5.122	4.869	4.712	4.622
序号	10	11	12	13	14	15	16	17	18
间隔期/天	120	130	140	150	160	170	180	190	200
备件需求量/个	4.576	4.554	4.545	4.542	4.541	4.540	4.540	4.540	4.540

表 3-6　仿真法得到的备件需求量（仿真次数取 3000）

序号	1	2	3	4	5	6	7	8	9
间隔期/天	30	40	50	60	70	80	90	100	110
备件需求量/个	11.469	8.715	7.200	6.161	5.519	5.124	4.815	4.781	4.625
序号	10	11	12	13	14	15	16	17	18
间隔期/天	120	130	140	150	160	170	180	190	200
备件需求量/个	4.623	4.617	4.585	4.635	4.610	4.647	4.621	4.593	4.605

两种方法得到的结果如图 3-4 所示。为了分析解析法和仿真法在备件需求量计算结果上的一致性，采用两者之差的绝对值除以解析值，然后再求其均值的方式进行计算，即

$$V=\frac{\sum_{i=1}^{L}\frac{\left|\mathrm{EN}_{ai}-\mathrm{EN}_{bi}\right|}{\mathrm{EN}_{ai}}}{L}$$

式中：EN_{ai} 为第 i 个解析计算值；EN_{bi} 为第 i 个仿真计算值；L 为计算值样本量。

将计算结果代入上式，可得 $V=0.0083$。

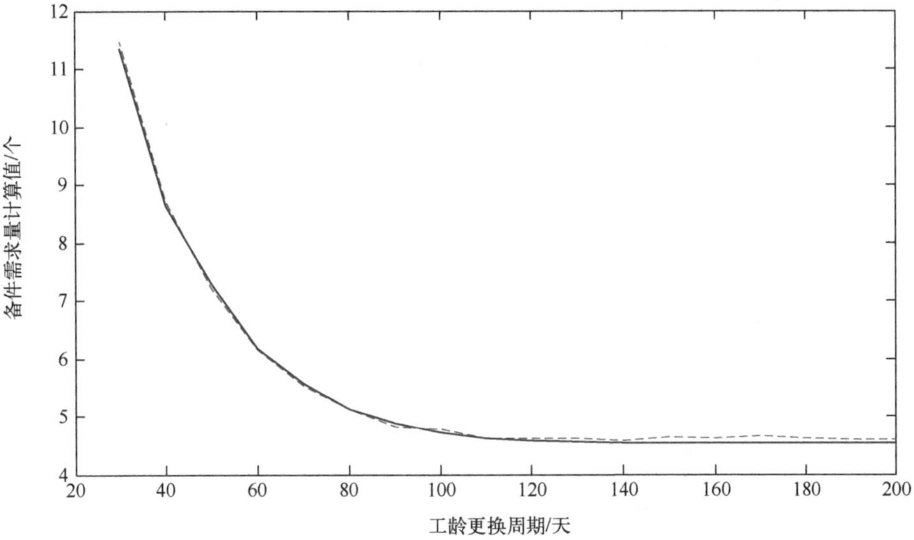

（实线代表解析算法，虚线代表仿真方法）

图 3-4　解析模型和仿真法得到的备件需求预测值

3.4.3　备件需求量随寿命分布尺度参数变化情况

固定备件寿命分布及形状参数，以及备件保障期和工龄更换间隔期，改变尺度参数的大小，分别采用解析模型和仿真方法，计算备件需求量的大小（以寿命服从形状参数为 3 的威布尔分布，备件保障期为 360 天，工龄更换间隔期为 60 天为例）。寿命分布尺度参数取值以及对应的解析模型计算结果和仿真结果如表 3-7～表 3-9 所示。

表 3-7　尺度参数取值

序号	1	2	3	4	5	6	7	8
尺度参数/天	50	60	70	80	90	100	110	120
序号	9	10	11	12	13	14	15	16
尺度参数/天	130	140	150	160	170	180	190	200

表 3-8 解析法计算得到的备件需求量

序号	1	2	3	4	5	6	7	8
尺度参数/天	50	60	70	80	90	100	110	120
备件需求量/个	7.971	7.061	6.521	6.178	5.935	5.751	5.607	5.493
序号	9	10	11	12	13	14	15	16
尺度参数/天	130	140	150	160	170	180	190	200
备件需求量/个	5.404	5.334	5.278	5.234	5.198	5.168	5.145	5.125

表 3-9 仿真法得到的备件需求量（仿真次数取 3000）

序号	1	2	3	4	5	6	7	8
尺度参数/天	50	60	70	80	90	100	110	120
备件需求量/个	7.965	6.962	6.472	6.177	5.941	5.794	5.671	5.551
序号	9	10	11	12	13	14	15	16
尺度参数/天	130	140	150	160	170	180	190	200
备件需求量/个	5.486	5.385	5.331	5.272	5.239	5.199	5.158	5.156

两种方法得到的结果如图 3-5 所示。为了分析解析法和仿真法在备件需求量计算结果上的一致性，采用两者之差的绝对值除以解析值，然后再求其均值的方式进行计算，即

$$V=\frac{\sum_{i=1}^{L}\frac{\left|\mathrm{EN}_{ai}-\mathrm{EN}_{bi}\right|}{\mathrm{EN}_{ai}}}{L}$$

式中：EN_{ai} 为第 i 个解析计算值；EN_{bi} 为第 i 个仿真计算值；L 为计算值样本量。

将计算结果代入上式，可得 $V=0.0082$。

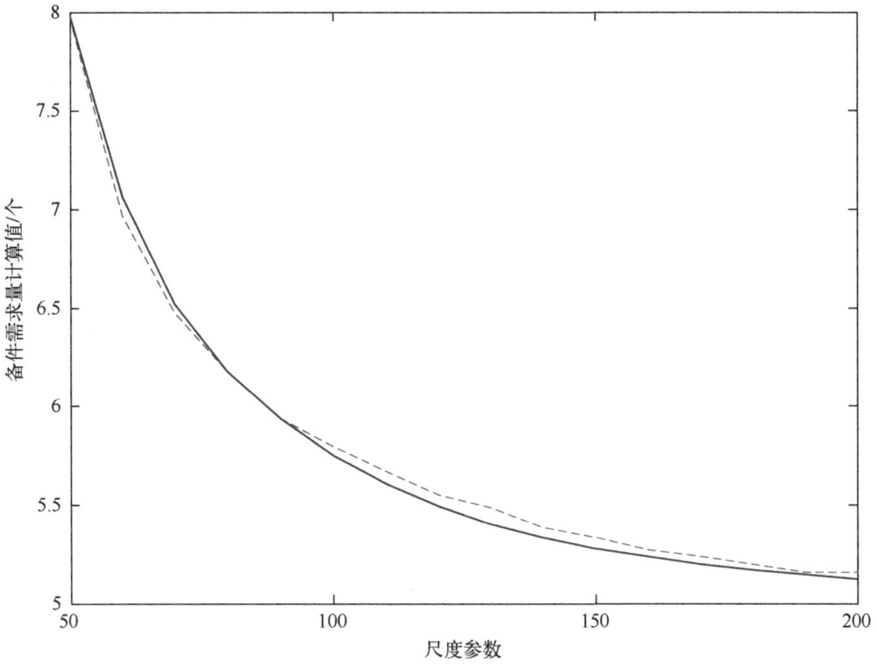

（实线代表解析算法，虚线代表仿真方法）

图 3-5　解析模型和仿真法得到的备件需求预测值

3.4.4　备件需求量随寿命分布形状参数变化情况

固定备件寿命分布及尺度参数，以及备件保障期和工龄更换间隔期，改变形状参数的大小，分别采用解析模型和仿真方法，计算备件需求量的大小（以寿命服从尺度参数为 80 天的威布尔分布，备件保障期为 360 天，工龄更换间隔期为 60 天为例）。寿命分布形状参数取值以及对应的解析模型计算结果和仿真结果如表 3-10～表 3-12 所示。

表 3-10　形状参数取值

序号	1	2	3	4	5	6	7	8
形状参数	2.0	2.2	2.4	2.6	2.8	3.0	3.2	3.4
序号	9	10	11	12	13	14	15	16
形状参数	3.6	3.8	4.0	4.2	4.4	4.6	4.8	5.0

表 3-11 解析法计算得到的备件需求量

序号	1	2	3	4	5	6	7	8
形状参数	2.0	2.2	2.4	2.6	2.8	3.0	3.2	3.4
备件需求量/个	6.674	6.538	6.425	6.330	6.248	6.178	6.117	6.063
序号	9	10	11	12	13	14	15	16
形状参数	3.6	3.8	4.0	4.2	4.4	4.6	4.8	5.0
备件需求量/个	6.015	5.971	5.931	5.893	5.857	5.822	5.788	5.756

表 3-12 仿真法得到的备件需求量（仿真次数取 3000）

序号	1	2	3	4	5	6	7	8
形状参数	2.0	2.2	2.4	2.6	2.8	3.0	3.2	3.4
备件需求量/个	6.690	6.560	6.424	6.344	6.234	6.143	6.101	6.047
序号	9	10	11	12	13	14	15	16
形状参数	3.6	3.8	4.0	4.2	4.4	4.6	4.8	5.0
备件需求量/个	5.995	5.963	5.907	5.865	5.864	5.836	5.812	5.740

两种方法得到的结果如图 3-6 所示。为了分析解析法和仿真法在备件需求量计算结果上的一致性，采用两者之差的绝对值除以解析值，然后再求其均值的方式进行计算，即

$$V = \frac{\sum_{i=1}^{L} \frac{\left|\mathrm{EN}_{ai} - \mathrm{EN}_{bi}\right|}{\mathrm{EN}_{ai}}}{L}$$

式中：EN_{ai} 为第 i 个解析计算值；EN_{bi} 为第 i 个仿真计算值；L 为计算值样本量。

将计算结果代入上式，可得 $V = 0.0043$。

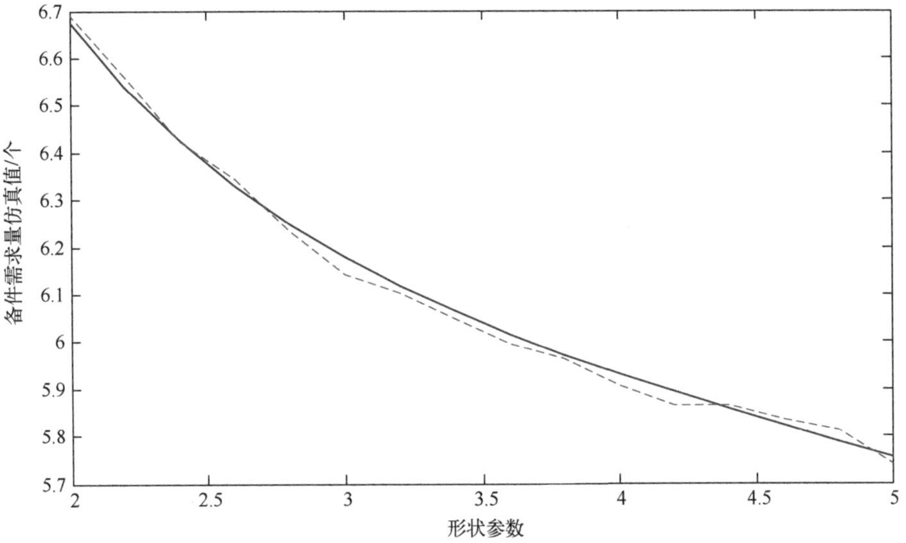

（实线代表解析算法，虚线代表仿真方法）

图 3-6　解析模型和仿真法得到的备件需求预测值

3.5　应 用 算 例

为了对本节建立的模型及其求解算法进行验证，假设从某设备的组成结构中选取 10 个部件作为备件，各部件寿命均服从威布尔分布，都为不可修件，均采用工龄更换策略，它们的可靠性分布和维修时间参数如表 3-13 所示。已知该设备的服役年限为 10 年，前 3 年预计平均每年运行 1200h，中间 5 年预计平均每年运行 1800h，最后 2 年平均每年运行 1000h。要求根据表 3-13 中的备件可靠性分布和维修时间数据，在设备寿命早期计算单台设备全寿命周期各阶段的备件需求量和备件保障费用。

表 3-13　部件可靠性分布和维修时间参数

备件编号	威布尔分布参数/工作小时		单价/元	T_0/工作小时	T_p/天	T_f/天
	α	β				
S01	2.7	195	200	90	1	2
S02	2.0	558	400	210	2	5
S03	3.2	295	220	120	1	4
S04	3.0	360	320	150	2	3
S05	3.5	276	200	120	1	4
S06	5.0	468	300	180	2	4
S07	2.5	1120	550	360	2	5
S08	2.0	675	350	300	2	5
S09	4.3	237	200	90	1	3
S10	3.7	187	150	90	1	2

由上述已知条件可知，由于该设备缺乏备件消耗历史数据，所以不能采用时间序列方法进行备件需求量计算。为此，这里分别采用本章所建立的模型和传统模型对该设备寿命周期备件需求量进行计算及对比分析。

1．参数变换

由于该设备所有备件的可靠性分布函数和更换间隔期都采用的是工作时间，而更换时间则为日历时间，并且已知该设备的每年运行时间，为了简化计算，首先将工作时间转换为日历时间。假设设备的使用率为 r，u 表示工作时间（单位为工作小时），t 表示日历时间（单位为天）。假设工作时间 u 和日历时间 t 为线性关系，即 $t=u/r$。假设每年按照 365 天计算，则有第 1～3 年 $t=365\times u/1200$（天）；第 4～8 年 $t=365\times u/1800$（天）；第 9～10 年 $t=365\times u/1000$（天）。因此，可以将表 3-13 中的工作小时转换为日历时间，如表 3-14 所示。

表 3-14 时间参数变换结果

备件编号	第 1～3 年		第 4～8 年		第 9～10 年	
	β	T_0	β	T_0	β	T_0
S01	59	27	40	18	71	33
S02	170	64	113	43	204	77
S03	90	37	60	24	108	44
S04	110	46	73	30	131	55
S05	84	37	56	24	101	44
S06	142	55	95	37	171	66
S07	341	110	227	73	409	131
S08	205	91	137	61	246	110
S09	72	27	48	18	87	33
S10	57	27	38	18	68	33

2. 分阶段计算备件需求量

根据本章建立的模型及其求解算法，采用 MATLAB 编写了程序，分别将上述参数代入程序中，计算可得各阶段备件需求量，如表 3-15 所示。同时，可以求得备件需求率数据，如表 3-16 所示。

表 3-15 备件需求量计算结果

备件编号	第 1～3 年 备件需求量/个	第 4～8 年 备件需求量/个	第 9～10 年 备件需求量/个	合计
S01	44.30	147.03	22.68	214.01
S02	16.97	44.12	9.25	70.34
S03	29.41	82.71	16.29	128.41
S04	23.20	63.11	12.53	98.84
S05	29.44	83.27	16.30	129.01

续表

备件编号	第 1～3 年 备件需求量/个	第 4～8 年 备件需求量/个	第 9～10 年 备件需求量/个	合计
S06	19.08	46.73	10.03	75.84
S07	9.27	24.46	5.06	38.79
S08	12.05	31.28	6.41	49.74
S09	39.82	104.06	21.24	165.12
S10	42.49	132.22	22.02	196.73

表 3-16　备件需求率计算结果

备件编号	第 1～3 年 备件需求率/（个/年）	第 4～8 年 备件需求率/（个/年）	第 9～10 年 备件需求率/（个/年）	合计/ （个/年）
S01	14.77	29.41	11.34	21.40
S02	5.66	8.82	4.63	7.03
S03	9.80	16.54	8.15	12.84
S04	7.73	12.62	6.27	9.88
S05	9.81	16.65	8.15	12.90
S06	6.36	9.35	5.02	7.58
S07	3.09	4.89	2.53	3.88
S08	4.02	6.26	3.21	4.97
S09	13.27	20.81	10.62	16.51
S10	14.16	26.44	11.01	19.67

3．计算设备寿命周期备件保障费用

在计算备件需求量的基础上，根据备件单价，可以计算获得整个设备寿命周期内的备件保障费用，如表 3-17 所示。

表 3-17　备件保障费用本章模型计算结果

备件编号	第 1～3 年 备件费用/元	第 4～8 年 备件费用/元	第 9～10 年 备件费用/元	合计/元
S01	8860.00	29406.00	4536.00	42802.00
S02	6788.00	17648.00	3700.00	28136.00
S03	6470.20	18196.20	3583.80	28250.20
S04	7424.00	20195.20	4009.60	31628.80
S05	5888.00	16654.00	3260.00	25802.00
S06	5724.00	14019.00	3009.00	22752.00
S07	5098.50	13453.00	2783.00	21334.50
S08	4217.50	10948.00	2243.50	17409.00
S09	7964.00	20812.00	4248.00	33024.00
S10	6373.50	19833.00	3303.00	29509.50
合计	64807.70	181164.40	34675.90	280648.00

第 4 章　成组更换策略下备件需求预测模型

本章针对传统备件需求量计算模型未考虑预防性维修的问题，分析成组更换策略下备件需求的产生机理与过程，研究建立成组更换策略下备件需求量计算模型，并探讨模型求解算法，为准确计算备件需求量提供有效的方法工具。

4.1　成组更换策略下备件需求过程分析

和工龄更换不同，成组更换是指产品在等间隔时间点进行周期预防更换，产品发生故障而导致的故障后更换不影响周期预防更换计划；即在产品的使用过程中，每隔预定的更换间隔时间 T_0，就将正在使用的全部同类产品进行更换，即使个别产品在此间隔内因发生故障更换过，到达更换时刻 T_0 时也一起更换。

根据上述成组更换的基本概念，可得该维修策略下维修需求产生的基本过程，可分为以下两种情况：

（1）当到达 T_0 时未出现故障，需进行预防性更换，产生预防性更换备件的需求。

（2）当到达 T_0 前出现故障，需进行修复性更换，产生故障后更换备件的需求。

4.2　成组更换策略下备件需求预测建模

4.2.1　符号与假设

符号与假设包括：

（1）T_0：成组更换间隔期，单位可以为使用时间（如发数、里程、次数等），也可以为日历时间（如天、周、月、年等）。

（2）t：产品使用时间。

（3）S：备件需求量计算的供应期长度，为了与 T_0 相一致，采用日历时间。

（4）$\mathrm{EN}(S, T_0)$：成组更换间隔期为 T_0 时，供应期 S 内的备件需求量。

（5）$\overline{\mathrm{EN}}(S, T_0)$：成组更换间隔期为 T_0 时，供应期 S 内的备件需求率。

（6）T_p，T_f：分别表示平均预防性更换时间和平均故障后更换时间。一般情况下，预防性维修间隔期要远远大于设备修理时间，并且故障后更换会有故障隔离与定位等时间消耗，所以故障后更换时间往往大于预防性更换时间，故假设 $T_0>T_f>T_p$。

（7）$F(t)$，$R(t)$，$f(t)$，$\lambda(t)$：分别表示累积故障分布函数、可靠度函数、故障密度函数和故障率函数，它们都是关于使用时间 t 的函数。

4.2.2　数学建模

通过上面成组更换策略下备件需求的产生过程分析可知，对于备件需求量的建模，不外乎以下两种情况：一种是当 $S\leqslant T_0$ 时，此时设备工作时间小于更换周期，所以备件消耗需求量只有故障后更换的备件需求，不存在预防性更换的备件需求；另一种是当 $S>T_0$ 时，设备除了要考虑在 S 前发生故障时进行故障后更换产生的备件需求，还要考虑到达更换周期 T_0 时进行预防性更换产生的备件需求。

基于上述分析，可建立成组更换策略下备件需求量的计算模型。同样，按照上面划分的两种情况分布建立备件消耗量的预测模型。

第一种情况下，当设备服役期较短时，此时并不存在预防性更换的需求，备件消耗的需求量为进行故障后更换的数量。由更新过程基本原理，可得此时备件需求量的表达式为

$$\begin{aligned}\mathrm{EN}(S,T_0)&=\int_0^S[1+\mathrm{EN}(S-t,T_0)]\cdot \mathrm{d}F(t)\\&=\int_0^S[1+\mathrm{EN}(S-t,T_0)]\cdot f(t)\mathrm{d}t\end{aligned}\tag{4-1}$$

第二种情况下，当设备的服役期较长时，此时的备件消耗既有故障后更换的因素，也有预防性更换的因素。在使用期 S 内，已知设备的成组更换间隔期为 T_0，可知其进行预防性更换的次数 $N=\left|\frac{S}{T_0}\right|$，所以有

$$\begin{aligned}\mathrm{EN}(S,T_0) &= N\cdot\mathrm{EN}(T_0,T_0)+\mathrm{EN}(S-N\cdot T_0,T_0)\\ &= N\cdot\int_0^{T_0}[1+\mathrm{EN}(T_0-t,T_0)]\cdot f(t)\mathrm{d}t+\\ &\quad\int_0^{S-N\cdot T_0}[1+\mathrm{EN}(S-N\cdot T-t,T_0)]\cdot f(t)\mathrm{d}t\end{aligned}\tag{4-2}$$

对上述情况进行综合，即可得到设备在一定使用期限内所需要消耗备件数量的数学模型为

$$\mathrm{EN}(S,T_0)=\begin{cases}\int_0^{S}[1+\mathrm{EN}(S-t,T_0)]\cdot f(t)\mathrm{d}t, & S\leqslant T_0\\ N\cdot\int_0^{T_0}[1+\mathrm{EN}(T_0-t,T_0)]\cdot f(t)\mathrm{d}t+ & \\ \int_0^{S-N\cdot T_0}[1+\mathrm{EN}(S-N\cdot T-t,T_0)]\cdot f(t)\mathrm{d}t, & S>T_0\end{cases}\tag{4-3}$$

4.3 成组更换策略下备件需求仿真技术

为了验证上面所建立数学建模的正确性，以及计算结果的准确性，这里基于备件的故障发生规律，采取仿真的形式来对工龄更换策略下备件消耗进行预测。

基于上面备件需求设备过程分析，利用计算机对模型进行迭代仿真来实现求解，其主要步骤如下（图 4-1）：

（1）仿真过程与参数初始化，根据设备的实际使用与动用情况，确定其备件的寿命分布函数及参数、备件保障期 S、预防性更换时间 t_p，故障后更换时间 t_f，以进行后续过程的仿真。

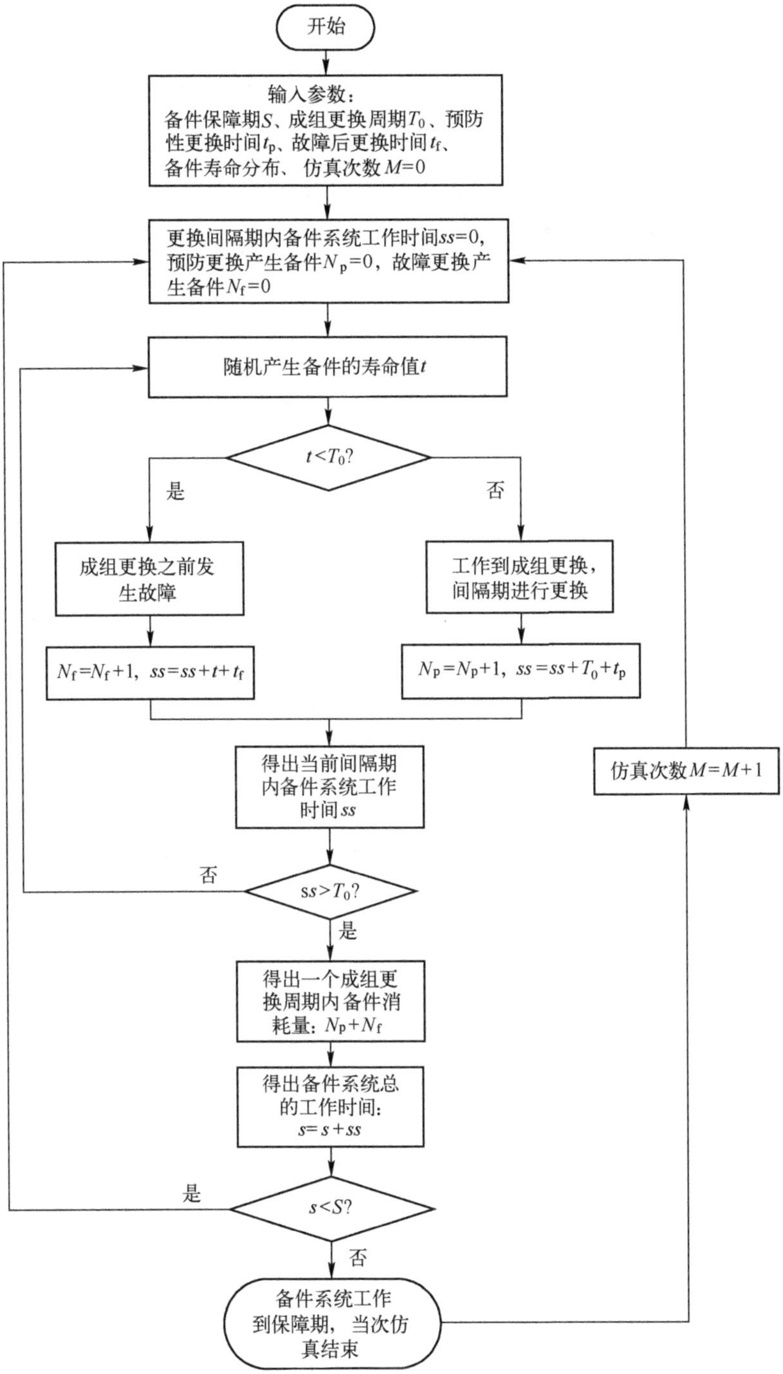

图 4-1　成组更换策略下备件消耗仿真过程

（2）利用计算机产生符合备件寿命分布的随机数，得到第一个备件的实际寿命 t。

（3）结合成组更换策略，判断备件后续的工作和维修情况。如果 $t \geqslant T_0$，说明其能工作到后面第一次成组更换时刻，此时产生预防性更新，即 N_p 会增加 1，再加上预防性更换所需的时间 t_p，备件消耗的总时间为 T_0+t_p。

（4）如果 $t<T_0$，说明其不能工作到后面第一次成组更换时刻，会在之前发生故障，此时产生故障更新，即 N_f 会增加 1，再加上故障后更换所需的时间 t_f，备件消耗的总时间为 $t+t_f$。然后重复步骤（2）～（4），直至当前间隔期内备件系统工作时间达到更换间隔期。

（5）继续利用计算机产生符合备件寿命分布的随机数，得出备件系统总的工作时间 s，然后判断其与备件保障期 S 的关系。如果 $s>S$，即可得出备件消耗量为 N_p 与 N_f 之和；否则继续产生符合分布的备件寿命值，重复上面步骤，直到备件系统工作时间达到保障期。

（6）重复上面步骤，对系统仿真 M 次，然后对所得到的备件消耗量求平均值，即可得出该工龄更换策略下备件消耗量的期望值。

4.4 解析模型与仿真结果对比分析

上面两节分别建立了成组更换策略下备件需求量的解析模型和仿真过程，这里给出一个算例，然后分别采用两种方法进行计算，对比其结果的差异性，并分析各种决策变量对预测结果的影响程度。

4.4.1 备件需求量随备件保障期变化情况

固定备件寿命分布及参数，以及成组更换间隔期，改变备件保障期的长短，分别采用解析模型和仿真方法，计算备件需求量的大小（以寿命服从形状参数为 3、尺度参数为 80 天的威布尔分布，成组更换周期为 60 天为例）。保障期取值以及对应的解析模型计算结果和仿真结果如表 4-1～表 4-3 所示。

表 4-1　备件保障期取值

序号	1	2	3	4	5	6	7	8	9	10
保障期/天	100	200	300	400	500	600	700	800	900	1000
序号	11	12	13	14	15	16	17	18	19	20
保障期/天	1100	1200	1300	1400	1500	1600	1700	1800	1900	2000

表 4-2　解析法计算的备件需求量

序号	1	2	3	4	5	6	7	8	9	10
保障期/天	100	200	300	400	500	600	700	800	900	1000
备件需求量/个	1.482	4.096	6.798	8.280	10.894	13.596	15.078	17.692	20.394	21.876
序号	11	12	13	14	15	16	17	18	19	20
保障期/天	1100	1200	1300	1400	1500	1600	1700	1800	1900	2000
备件需求量/个	24.490	27.192	28.674	31.288	33.990	35.472	38.086	40.788	42.270	44.884

表 4-3　仿真法计算的备件需求量（仿真次数取 3000）

序号	1	2	3	4	5	6	7	8	9	10
保障期/天	100	200	300	400	500	600	700	800	900	1000
备件需求量/个	1.469	4.027	6.855	8.113	10.849	13.510	15038	17.225	20.520	21.362
序号	11	12	13	14	15	16	17	18	19	20
保障期/天	1100	1200	1300	1400	1500	1600	1700	1800	1900	2000
备件需求量/个	24.367	27.100	28.605	31.550	33.150	35.408	38.599	39.930	41.941	44.434

两种方法得到的结果如图 4-2 所示。为了分析解析法和仿真法在备件需求量计算结果上的一致性，采用两者之差的绝对值除以解析值，然后再求其

均值的方式进行计算，即

$$V=\frac{\sum_{i=1}^{L}\frac{\left|EN_{ai}-EN_{bi}\right|}{EN_{ai}}}{L}$$

式中：EN_{ai} 为第 i 个解析计算值；EN_{bi} 为第 i 个仿真计算值；L 为计算值样本量。

将计算结果代入上式，可得 $V=0.011$。

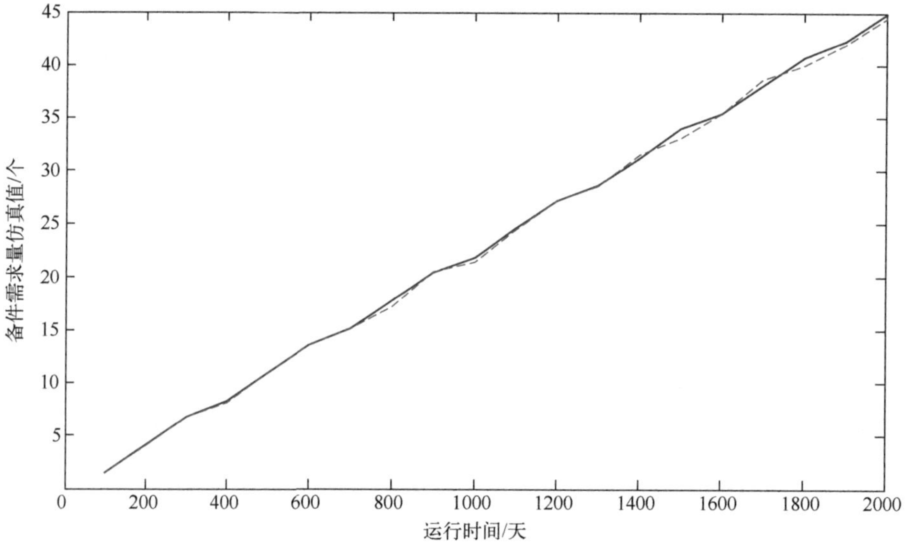

（实线代表解析算法，虚线代表仿真方法）

图 4-2　解析模型和仿真法得到的备件需求预测值

4.4.2　备件需求量随成组更换间隔期变化情况

固定备件寿命分布及参数，以及备件保障期，改变成组更换间隔期的长短，分别采用解析模型和仿真方法，计算备件需求量的大小（以寿命服从形状参数为 3、尺度参数为 80 天的威布尔分布，备件保障期为 360 天为例）。成组更换间隔期取值以及对应的解析模型计算结果和仿真结果如表 4-4～表 4-6 所示。

表 4-4　成组更换间隔期取值

序号	1	2	3	4	5	6	7	8	9
间隔期/天	30	40	50	60	70	80	90	100	110
序号	10	11	12	13	14	15	16	17	18
间隔期/天	120	130	140	150	160	170	180	190	200

表 4-5　解析法计算的备件需求量

序号	1	2	3	4	5	6	7	8	9
间隔期/天	30	40	50	60	70	80	90	100	110
备件需求量/个	12.648	10.102	8.579	8.157	7.581	6.845	7.367	6.335	6.445
序号	10	11	12	13	14	15	16	17	18
间隔期/天	120	130	140	150	160	170	180	190	200
备件需求量/个	6.785	5.777	5.734	5.691	5.739	5.919	6.188	5.187	5.183

表 4-6　仿真法计算的备件需求量

序号	1	2	3	4	5	6	7	8	9
间隔期/天	30	40	50	60	70	80	90	100	110
备件需求量/个	12.528	9.927	8.638	8.148	7.624	6.687	7.252	6.345	6.417
序号	10	11	12	13	14	15	16	17	18
间隔期/天	120	130	140	150	160	170	180	190	200
备件需求量/个	6.744	5.759	5.723	5.601	5.794	5.923	6.184	5.208	5.132

两种方法得到的结果如图 4-3 所示。为了分析解析法和仿真法在备件需求量计算结果上的一致性，采用两者之差的绝对值除以解析值，然后再求其

均值的方式进行计算，即

$$V=\frac{\sum_{i=1}^{L}\frac{|\mathrm{EN}_{ai}-\mathrm{EN}_{bi}|}{\mathrm{EN}_{ai}}}{L}$$

式中：EN_{ai}为第 i 个解析计算值；EN_{bi}为第 i 个仿真计算值；L 为计算值样本量。

将计算结果代入上式，可得$V=0.0076$。

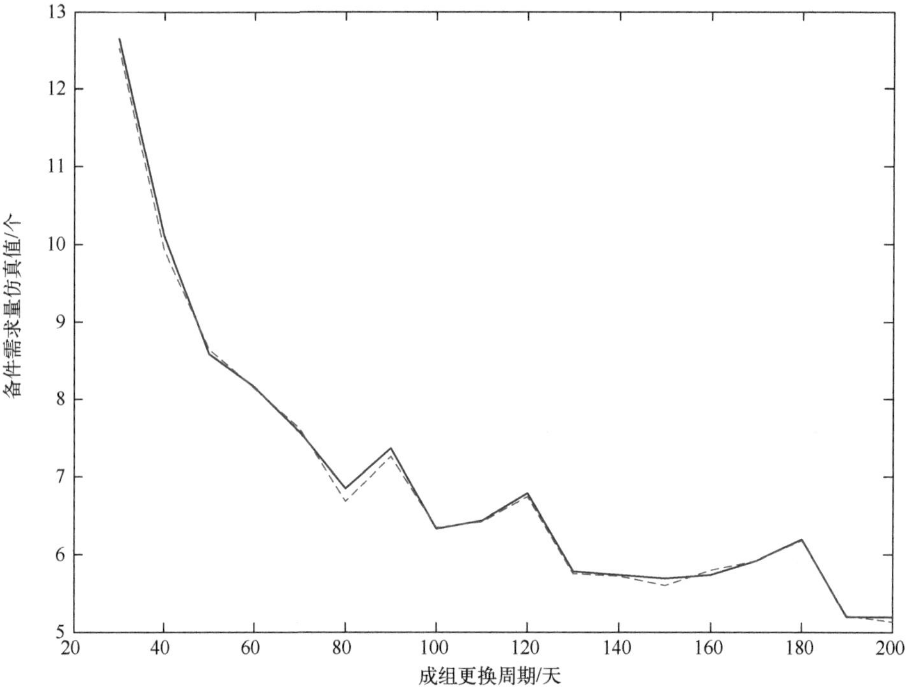

（实线代表解析算法，虚线代表仿真方法）

图 4-3　解析模型和仿真法得到的备件需求预测值

4.4.3　备件需求量随寿命分布尺度参数变化情况

固定备件寿命分布及形状参数，以及备件保障期和成组更换间隔期，改变尺度参数的大小，分别采用解析模型和仿真方法，计算备件需求量的大小

（以寿命服从形状参数为 3 的威布尔分布，备件保障期为 360 天，成组更换间隔期为 60 天为例）。寿命分布尺度参数取值以及对应的解析模型计算结果和仿真结果如表 4-7～表 4-9 所示。

表 4-7　尺度参数取值

序号	1	2	3	4	5	6	7	8
尺度参数/天	50	60	70	80	90	100	110	120
序号	9	10	11	12	13	14	15	16
尺度参数/天	130	140	150	160	170	180	190	200

表 4-8　解析法计算的备件需求量

序号	1	2	3	4	5	6	7	8
尺度参数/天	50	60	70	80	90	100	110	120
备件需求量/个	11.626	10.099	8.962	8.157	7.597	7.206	6.928	6.726
序号	9	10	11	12	13	14	15	16
尺度参数/天	130	140	150	160	170	180	190	200
备件需求量/个	6.578	6.468	6.382	6.317	6.265	6.224	6.191	6.164

表 4-9　解析法计算的备件需求量

序号	1	2	3	4	5	6	7	8
尺度参数/天	50	60	70	80	90	100	110	120
备件需求量/个	11.550	10.182	8.964	8.226	7.572	7.236	7.002	6.750
序号	9	10	11	12	13	14	15	16
尺度参数/天	130	140	150	160	170	180	190	200
备件需求量/个	6.522	6.348	6.396	6.336	6.246	6.228	6.150	6.192

两种方法得到的结果如图 4-4 所示。为了分析解析法和仿真法在备件需求量计算结果上的一致性，采用两者之差的绝对值除以解析值，然后再求其均值的方式进行计算，即

$$V = \frac{\sum_{i=1}^{L} \frac{|\mathrm{EN}_{ai} - \mathrm{EN}_{bi}|}{\mathrm{EN}_{ai}}}{L}$$

式中：EN_{ai} 为第 i 个解析计算值；EN_{bi} 为第 i 个仿真计算值；L 为计算值样本量。

将计算结果代入上式，可得 $V = 0.0058$。

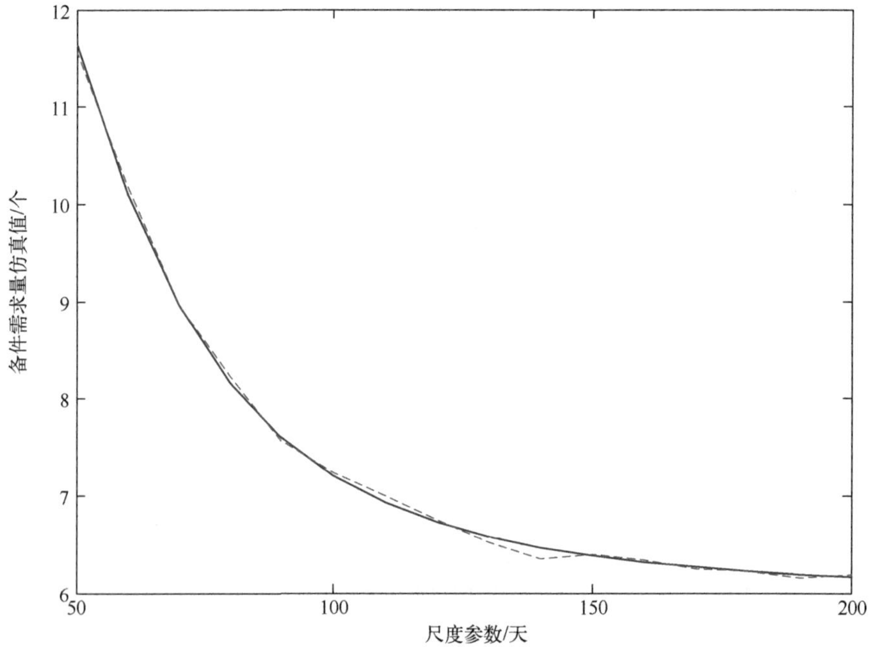

（实线代表解析算法，虚线代表仿真方法）

图 4-4　解析模型和仿真法得到的备件需求预测值

4.4.4　备件需求量随寿命分布形状参数变化情况

固定备件寿命分布及尺度参数，以及备件保障期和成组更换间隔期，改

变形状参数的大小，分别采用解析模型和仿真方法，计算备件需求量的大小（以寿命服从尺度参数为 80 天的威布尔分布，备件保障期为 360 天，成组更换间隔期为 60 天为例）。寿命分布形状参数取值以及对应的解析模型计算结果和仿真结果如表 4-10～表 4-12 所示。

表 4-10　形状参数取值

序号	1	2	3	4	5	6	7	8
形状参数	2.0	2.2	2.4	2.6	2.8	3.0	3.2	3.4
序号	9	10	11	12	13	14	15	16
形状参数	3.6	3.8	4.0	4.2	4.4	4.6	4.8	5.0

表 4-11　解析法计算的备件需求量

序号	1	2	3	4	5	6	7	8
形状参数	2.0	2.2	2.4	2.6	2.8	3.0	3.2	3.4
备件需求量/个	8.885	8.7025	8.5435	8.402	8.274	8.158	8.050	7.949
序号	9	10	11	12	13	14	15	16
形状参数	3.6	3.8	4.0	4.2	4.4	4.6	4.8	5.0
备件需求量/个	7.856	7.767	7.683	7.60	7.526	7.453	7.383	7.316

表 4-12　仿真法计算的备件需求量

序号	1	2	3	4	5	6	7	8
形状参数	2.0	2.2	2.4	2.6	2.8	3.0	3.2	3.4
备件需求量/个	8.756	8.614	8.520	8.340	8.272	8.020	7.978	7.870
序号	9	10	11	12	13	14	15	16
形状参数	3.6	3.8	4.0	4.2	4.4	4.6	4.8	5.0
备件需求量/个	7.886	7.742	7.700	7.520	7.458	7.338	7.396	7.242

两种方法得到的结果如图 4-5 所示。为了分析解析法和仿真法在备件需求量计算结果上的一致性，采用两者之差的绝对值除以解析值，然后再求其均值的方式进行计算，即

$$V=\frac{\sum_{i=1}^{L}\frac{\left|\mathrm{EN}_{ai}-\mathrm{EN}_{bi}\right|}{\mathrm{EN}_{ai}}}{L}$$

式中：EN_{ai} 为第 i 个解析计算值；EN_{bi} 为第 i 个仿真计算值；L 为计算值样本量。

将计算结果代入上式，可得 $V=0.0079$。

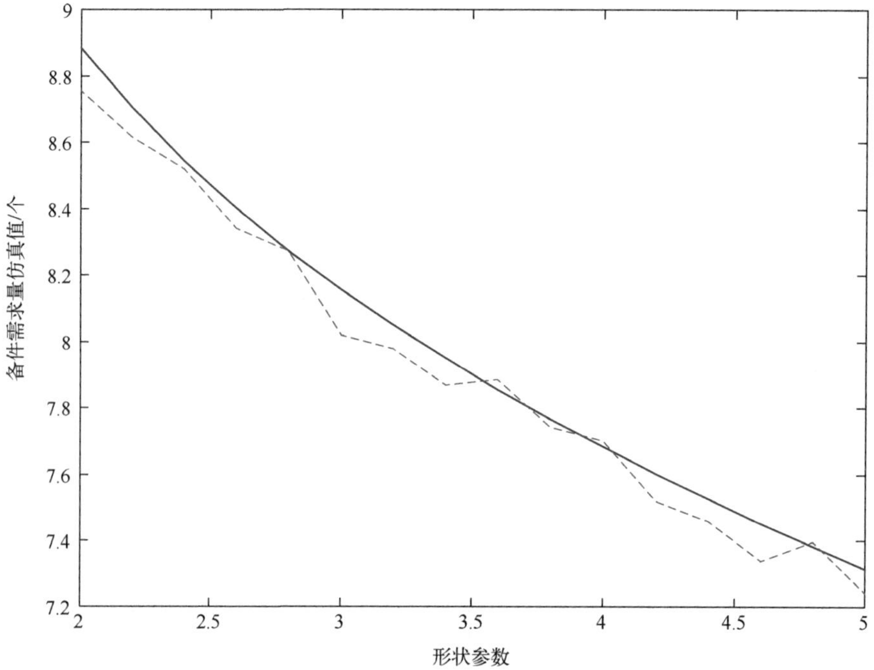

（实线代表解析算法，虚线代表仿真方法）

图 4-5　解析模型和仿真法得到的备件需求预测值

4.5　应 用 算 例

针对无人机活塞环相关故障和维修数据进行调研分析，已知其寿命服从

形状参数为 3.4，尺度参数为 460 飞行小时的威布尔分布。其预防性维修策略为成组更换，即每 120 飞行小时左右进行一次预防性更换；如果期间发生了意外故障，则进行修复性更换，但不影响后面成组更换的时机。为了做好后续备件筹备与供应工作，同样需要预测之后一年、两年分别会消耗多少备件。

现利用上面所建立的备件消耗量预测模型进行分析和计算；同时，为了分析的全面性，也计算更换间隔期取其他不同值时所对应的备件消耗量，以便为维修策略的优化提供参考依据。

首先，利用模型计算当成组更换间隔期取不同值时，一年之内备件消耗量的期望值，计算结果如表 4-13 所示。

表 4-13　一年之内备件消耗量的期望值

序号	1	2	3	4	5	6	7	8	9	10
取值/飞行小时	90	100	110	120	130	140	150	160	170	180
备件消耗量期望值/个	4.05	3.05	3.06	3.07	2.08	2.08	2.09	2.10	2.12	2.14
序号	11	12	13	14	15	16	17	18	19	20
取值/飞行小时	190	200	210	220	230	240	250	260	270	280
备件消耗量期望值/个	1.14	1.14	1.15	1.15	1.16	1.17	1.18	1.19	1.20	1.21
序号	21	22	23	24	25	26	27	28	29	30
取值/飞行小时	290	300	310	320	330	340	350	360	370	380
备件消耗量期望值/个	1.23	1.24	1.26	1.28	1.30	1.32	1.34	1.36	0.37	0.37

其次，也可利用模型计算当工龄更换间隔期取不同值时，两年之内备件消耗量的期望值，计算结果如表 4-14 所示。

表 4-14　两年之内备件消耗量的期望值

序号	1	2	3	4	5	6	7	8	9	10
取值/飞行小时	90	100	110	120	130	140	150	160	170	180
备件消耗量期望值/个	8.09	7.11	6.12	6.15	5.16	5.18	4.20	4.22	4.24	4.27
序号	11	12	13	14	15	16	17	18	19	20
取值/飞行小时	190	200	210	220	230	240	250	260	270	280
备件消耗量期望值/个	3.29	3.30	3.32	3.35	3.38	3.42	2.44	2.44	2.45	2.47
序号	21	22	23	24	25	26	27	28	29	30
取值/飞行小时	290	300	310	320	330	340	350	360	370	380
备件消耗量期望值/个	2.48	2.51	2.54	2.57	2.60	2.64	2.68	2.72	1.74	1.74

从表 4-13 和表 4-14 中的计算结果可以得到，当前维修策略下后续一年会消耗约 3.07 个备件，后续两年会消耗约 6.15 个备件。也可以看出，当成组更换间隔期取不同值时，所对应的备件消耗量与工龄更换策略总体呈现相同的趋势。这说明，维修策略对于备件需求具有一定的影响。

第 5 章　基于状态的维修策略下备件需求预测模型

通常情况下，许多设备故障的发生并不是瞬间的，而是经过一段时间的性能退化，最终才发展成为功能性的故障。基于状态的维修是解决此类问题的一种非常有效也是目前较为流行的方法。因此，本章开展基于状态的维修策略下备件需求预测研究。

5.1　基于状态的维修策略下备件需求过程分析

基于状态的维修策略下，通过对设备状态进行实时监测或定期检测，备件需求时间点从固定周期变为动态触发。这不仅能够有效保持设备的良好技术状态，还使得备件需求的预测性进一步增强，更有利于充分发挥备件的使用寿命。本书以实施定期检测的维修策略为研究对象，可知在该策略下进行备件更换的时机与传统预防性更换策略下不同，有三种情形：

（1）在状态检测时，发现设备未呈现任何异常，此时不进行备件更换；

（2）在状态检测时，发现设备处于状态异常阶段，此时进行预防性备件更换；

（3）在状态检测之前，设备发生功能故障，此时进行修复性备件更换。

状态检测策略下备件需求产生过程如图 5-1 所示。

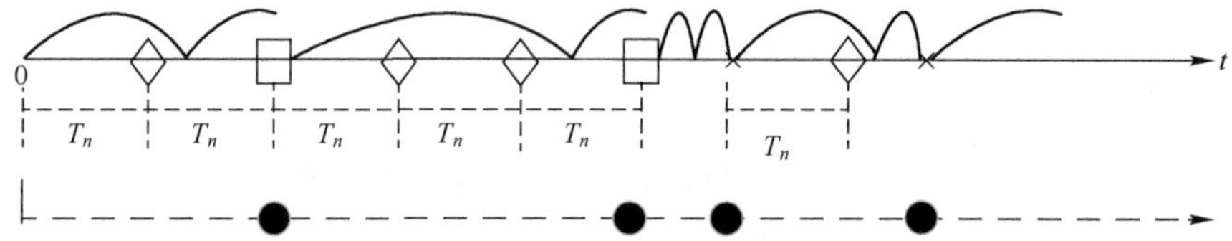

◇ —到规定间隔期 T_n 后进行状态检测；

□ —检测出潜在故障后进行预防性更换；

× —发生功能故障后进行修复性更换；

● —因预防性更换、故障更换而产生的备件需求。

图 5-1　状态检测策略下备件需求产生过程

5.2　基于状态的维修策略下备件需求预测建模

5.2.1　符号与假设

符号与假设包括：

（1）T_{n}：状态检测间隔期，单位可以为使用时间（如发数、里程、次数等），也可以为日历时间（如天、周、月、年等）。

（2）t：产品使用时间。

（3）S：备件需求量计算的供应期长度，为了与 T_n 相一致，采用日历时间。

（4）$\mathrm{EN}(S, T_0)$：在更换工龄 T_0 下、供应期 S 内的备件需求。

（5）T_{k}，T_{p}，T_{f}：分别表示平均状态检测时间、平均预防性更换时间和平均故障后更换时间。

（6）U：产品潜在故障发生时的使用时间，也称初始时间，其密度函数和分布函数分别为 $g(u)$ 和 $G(u)$。

（7）H：产品潜在故障发展到功能故障的使用时间，也称延迟时间，其密度函数和分布函数分别为 $f(h)$ 和 $F(h)$。

5.2.2 数学建模

英国索尔福德（Salford）大学的 A.H.Christer 教授于 1973 年首次提出了延迟时间（Delay Time）的概念，其基本思想是将产品故障的形成划分为两个阶段并假定这两个阶段相互独立：第一阶段是指产品从投入使用到发生潜在故障的时间过程；第二阶段是指从潜在故障发展到功能故障的时间过程（图 5-2），并基于此概念建立了延迟时间模型（Delay Time Model，DTM）。

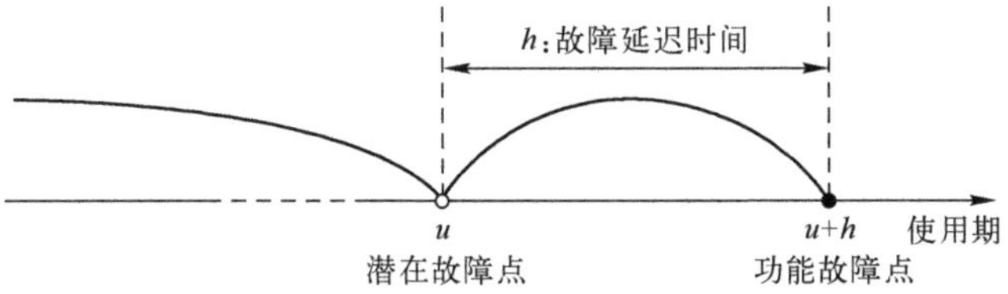

图 5-2　延迟时间的概念

由于延迟时间模型可以更好地处理有故障征兆产品的维修建模，与功能检测模型有许多的相同点，在解决具体问题时，它为功能检测问题提供了一个可行的基础。

延迟时间的概念把故障过程分为初始缺陷时间 U 和故障延迟时间 H，如果在 U 时刻对产品进行检测，就会发现缺陷，从而进行检测更新；若没有发现缺陷，那么再经过延迟时间 H，缺陷就会导致故障，则需对产品进行故障更新，如图 5-3 和图 5-4 所示。

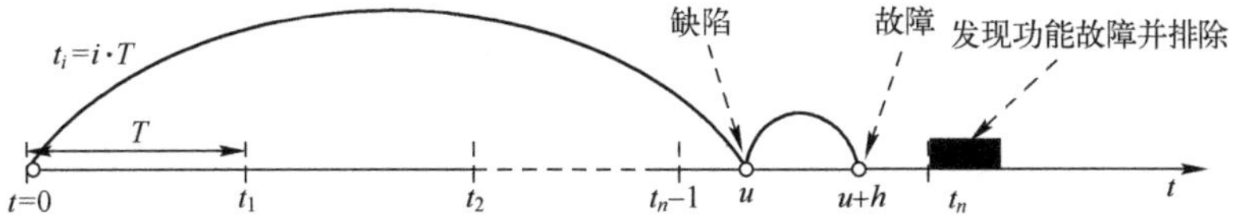

图 5-3　功能检测中的故障更新

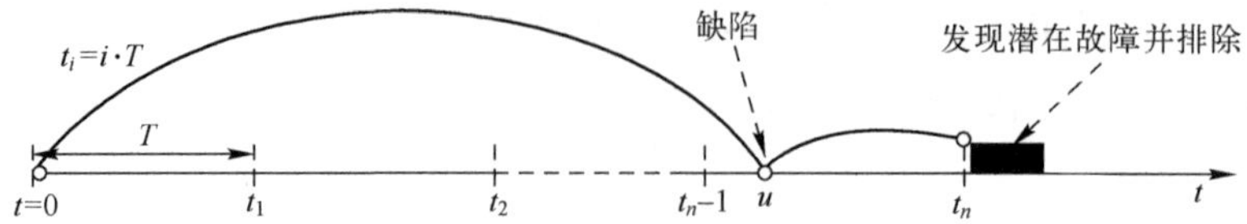

图 5-4　功能检测中的检测更新

图 5-3 和图 5-4 描述了产品以 T 为间隔期进行功能检测的过程，t_i 代表第 i 个检测点（i=1,2,3,⋯）。其中，图 5-3 表示在功能检测过程中，发生了功能故障而导致更新；图 5-4 则表示因为检测到潜在故障而进行检测更新。

1. 寿命分布

由上可知，首先需要将其设备的性能退化规律，转化为其寿命分布规律。系统的退化过程通常具有随机性，利用随机过程刻画系统退化过程中的不确定性是一种有效方法。为了便于数学处理，常用的随机退化模型多为齐次平稳独立增量过程，如 Gamma 过程、Wiener 过程。

以 Wiener 过程为例，它是一种常用的独立增量过程，能够描述多种产品的退化过程，因而是目前退化建模领域最常用的模型之一。

定义 5.1　当系统的退化量达到阈值 $L(L>0)$时系统发生故障，L 为系统的故障阈值。系统的寿命 T 是系统的性能退化量首次达到 L 的时间，$T=\inf\{t \mid X(t)\geqslant L, t\geqslant 0\}$。

一般 Wiener 过程的漂移系数 μ 可以取任意实数，但由于退化型系统最终都会失效，所以为保证 $X(t)$最终到达 L，这里要求 $\mu>0$ 。

定义 5.2　Wiener 最大过程 $\{Z(t);t\geqslant 0\}$ ，其中 $Z(t)=\sup\{X(r),0\leqslant r\leqslant t\}$ ，即 $Z(t)$取 $X(r)$在$[0,t]$上的最大值。$Z(t)$的概率密度函数为

$$g(z,t)=\frac{1}{\sigma\sqrt{2\pi t}}\left(\exp\left(-\frac{(z-\mu t)^2}{2\sigma^2 t}\right)-\exp\left(\frac{2\mu L}{\sigma^2}\right)\exp\left(-\frac{(z-2L-\mu t)^2}{2\sigma^2 t}\right)\right) \tag{5-1}$$

则有

$$P(T>t)=\int_{-\infty}^{L} g(z,t)\mathrm{d}z=\Phi\left(\frac{L-\mu t}{\sigma\sqrt{t}}\right)-\exp\left(\frac{2\mu L}{\sigma^2}\right)\Phi\left(\frac{-L-\mu t}{\sigma\sqrt{t}}\right) \tag{5-2}$$

式中：$\Phi(\cdot)$ 为标准正态累积分布函数。

由式（5-2）可知，T 服从逆高斯分布，其分布函数和密度函数分别为

$$F_{\mathrm{W}}(t)=1-P(T>t)=\Phi\left(\frac{\mu t-L}{\sigma\sqrt{t}}\right)+\exp\left(\frac{2\mu L}{\sigma^2}\right)\Phi\left(\frac{-L-\mu t}{\sigma\sqrt{t}}\right) \tag{5-3}$$

$$f_{\mathrm{W}}(t)=\frac{L}{\sqrt{2\pi\sigma^2 t^3}}\exp\left(-\frac{(L-\mu t)^2}{2\sigma^2 t}\right) \tag{5-4}$$

图 5-5 所示为失效阈值为 L=10 时，逆高斯分布密度函数对应不同参数（μ 和 σ）下的曲线示意图。

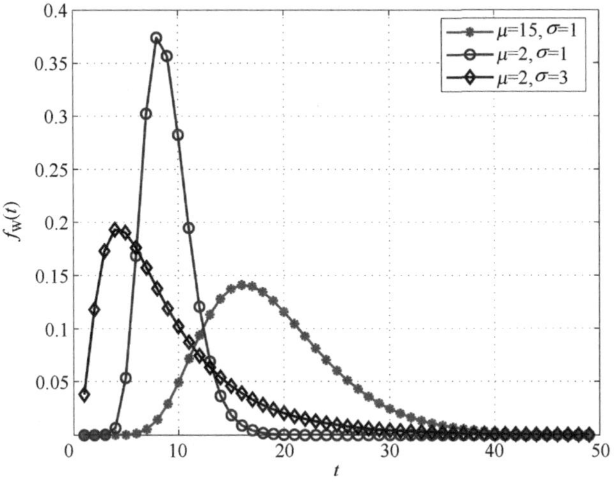

图 5-5　逆高斯分布密度函数曲线

系统寿命 T 的期望和方差分别为

$$E[T]=\frac{L}{\mu}$$

$$\mathrm{Var}[T]=\frac{L\sigma^2}{\mu^3}$$

令 $a=\frac{L}{\mu}$， $b=\frac{L^2}{\sigma^2}$，则其形式变为

$$f_{\mathrm{W}}(t)=\sqrt{\frac{b}{2\pi t^3}}\exp\left(-\frac{b(t-a)^2}{2a^2t}\right) \tag{5-5}$$

即系统寿命 T 服从由参数 a 和 b 决定的逆高斯分布。对于服从 Wiener 退化过程的系统，在系统发生故障前的任一时刻 r，系统的退化量为 $x_r<L$。以时刻 r 为起始点，则系统的剩余寿命为

$$T_{\mathrm{Res}}=\inf\{t\mid X(t+r)\geqslant L,X(r)=x_r,r\geqslant 0\} \tag{5-6}$$

由 Wiener 过程的独立增量特性可得

$$\begin{aligned}T_{\mathrm{Res}}&=\inf\{t\mid X(t+r)-X(r)\geqslant L-r,t\geqslant 0\}\\&=\inf\{t\mid X(t)\geqslant L-r,t\geqslant 0\}\end{aligned} \tag{5-7}$$

故剩余寿命 T_{Res} 也服从逆高斯分布，其分布函数和概率密度函数分别为

$$F_{\mathrm{Res}}(t)=\Phi\left(\frac{\mu t-(L-x_r)}{\sigma\sqrt{t}}\right)+\exp\left(\frac{2\mu(L-x_r)}{\sigma^2}\right)\Phi\left(\frac{-(L-x_r)-\mu t}{\sigma\sqrt{t}}\right) \tag{5-8}$$

$$f_{\mathrm{Res}}(t)=\frac{(L-x_r)}{\sqrt{2\pi\sigma^2t^3}}\exp\left(-\frac{((L-x_r)-\mu t)^2}{2\sigma^2t}\right) \tag{5-9}$$

这样，就可以得到设备由状态发展到潜在故障，以及从潜在故障到功能故障的时间分布。

假设时刻 u 发生潜在故障，其密度函数和分布函数分别由 $g(u)$和 $G(u)$表示，延迟时间为 h，其密度函数和分布函数分别由 $f(h)$和 $F(h)$表示，则在检测时刻 t_i 前发生故障更新的概率为 $g(u)\cdot\mathrm{d}u\cdot F(t_i-u)$，在检测时发生检测更新的概率为 $g(u)\cdot\mathrm{d}u\cdot\{1-F(t_i-u)\}$。

在 (t_{i-1},t_i) 上对 u 积分，可以得到在 (t_{i-1},t_i) 上发生故障更新（或故障风险）的概率， $P_f(t_{i-1},t_i)$ 可以表示为

$$P_f(t_{i-1},t_i)=\int_{t_{i-1}}^{t_i}g(u)F(t_i-u)\mathrm{d}u \tag{5-10}$$

t_i 时刻发生检测更新的概率 $P_m(t_{i-1},t_i)$ 为

$$P_m(t_{i-1},t_i)=\int_{t_{i-1}}^{t_i} g(u)[1-F(t_i-u)]\mathrm{d}u \tag{5-11}$$

2．备件需求建模

下面对供应期 S 内的备件需求进行建模分析：

若使用期相比其故障维修时间还短，则发生故障后不进行维修，此时期望的备件需求量 $\mathrm{EN}(S, T_n)$为 0。

若使用期大于故障维修时间，而小于检测周期与故障维修时间之和，那么达到检测周期时也不进行检测，只在时间允许时进行故障后维修，此时备件需求量可表示为

$$\mathrm{EN}(S,T_n)=\int_0^{S-T_\mathrm{f}} [1+\mathrm{EN}(S-x-T_\mathrm{f},T_n)]p_b(x)\mathrm{d}x$$

若使用期大于检测周期与故障维修时间之和，那么达到检测周期时进行定期检测，此时备件需求量可分为如下几种情况：

情况 1：在 S 前没有任何更新，此时 $\mathrm{EN}(S, T_n)=0$。

情况 2：发生检测更新，部件在第 l 次检测时发现潜在故障而进行的预防性更新，此时 $\mathrm{EN}(S,T_n)=1+\mathrm{EN}(S-l\cdot(T_k+T_n)-T_p,T_n)$，其概率为 $P_m(l\cdot T_n)$。

在进行完善检测时，部件缺陷出现在$(u,u+\mathrm{d}u)$，$(l-1)T_n<u<lT_n$，并在第 l 次检测时发现该缺陷的事件包含了以下两个条件：

（1）在 $(l-1)T_n$ 时刻以前部件并无缺陷，在进行第 l 次检测时发现了该部件缺陷；

（2）部件缺陷的延迟时间必须大于 lT_n-u。

该事件的概率密度为 $g(u)\mathrm{d}u[1-F(lT_n-u)]$，于是可得

$$P_m(lT_n)=\int_{(l-1)T_n}^{lT_n} g(u)[1-F(S-(lT_n-u))]\mathrm{d}u \tag{5-12}$$

情况 3：发生故障更新，部件在 x 时刻，$(j-1)(T_k+T_n)<x<j(T_k+T_n)$ 发生功能故障，此时 $\mathrm{EN}(S,T_n)=1+\mathrm{EN}(S-x-T_f,T_n)$，其概率为 $p_b(x-(j-1)T_k)$。

缺陷出现在$(u, u+\mathrm{d}u)$内，$(j-1)T_n<x<jT_n$，而故障发生在$(x, x+\mathrm{d}x)$，此事件的概率密度为

$$p_b(x)=\int_{(j-1)T_n}^{jT_n} g(u)f(x-u)\mathrm{d}u \tag{5-13}$$

综合以上可知，部件在使用期 S 内的备件需求量为

$$\begin{aligned}\mathrm{EN}(S,T_n)=&\sum_{l=1}^{K}\left[1+\mathrm{EN}(S-l\cdot(T_k+T_n)-T_p,T_n)\right]\cdot P_m(l\cdot T_n)+\\&\sum_{j=1}^{K}\int_{(j-1)T_n}^{jT_n}\left[(1+\mathrm{EN}(S-x-T_{\mathrm{f}},T_n)\right]\cdot p_b(x)\mathrm{d}x+\\&\int_{K(T_k+T_n)}^{S}\left[1+\mathrm{EN}(S-x,T_n)\right]\cdot p_b(x)\mathrm{d}x\end{aligned} \tag{5-14}$$

5.3 基于状态的维修策略下备件需求仿真技术

这里基于其故障发生规律，采取仿真的形式来对状态检测策略下备件消耗进行预测。根据设备故障的形成过程，将其状态退化划分为两个阶段并假定这两个阶段相互独立：第一阶段是指设备从投入使用到出现可鉴别的性能退化状态的时间过程；第二阶段是指从出现性能退化发展到功能故障状态的时间过程。

基于上面备件需求设备过程分析，利用计算机对模型进行迭代仿真来实现求解，其主要步骤如下（图 5-6）：

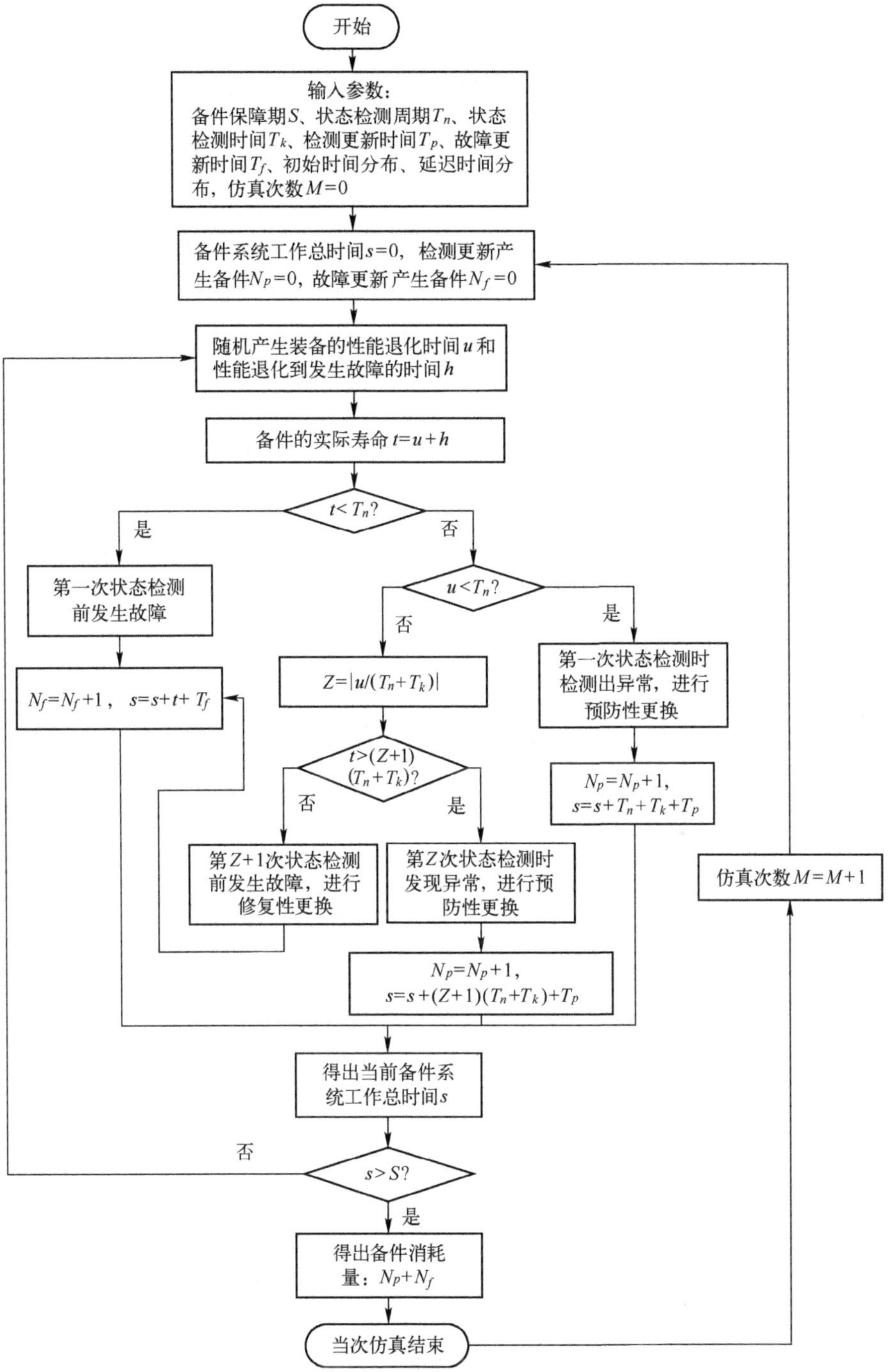

图 5-6　状态检测策略下备件消耗仿真过程

（1）仿真过程与参数初始化，根据设备的实际使用与动用情况，确定其从投入使用到出现性能退化的时间、从性能退化发展到功能故障时间的分布函数及参数、备件保障期 S、功能检测周期 T_n，以进行后续过程的仿真优化。

（2）产生投入使用到出现性能退化的时间 u、性能退化发展到功能故障时间 h，通过参数的变化来模拟不同的分布规律。由于威布尔分布具有广泛的适用性，以其为例来说明，对投入使用到出现性能退化的时间、性能退化发展到功能故障时间都使用威布尔分布来描述，其分布函数分别为

$$G(u)=1-\mathrm{e}^{-\left(\frac{u}{\beta_1}\right)^{\alpha_1}},\quad F(h)=1-\mathrm{e}^{-\left(\frac{h}{\beta_2}\right)^{\alpha_2}}$$

式中：α_1，β_1，α_2，β_2 分别为初始时间和延迟时间的形状参数、尺度参数。

产生模拟的随机数据，构造服从上述威布尔分布的初始时间和延迟时间，方法如下：

$$u=\beta_1\times\left[\ln\frac{1}{1-G(u)}\right]^{\frac{1}{\alpha_1}},\quad h=\beta_2\times\left[\ln\frac{1}{1-F(h)}\right]^{\frac{1}{\alpha_2}}$$

式中：$G(u)\in[0,1]$，$F(h)\in[0,1]$。

令计算机产生[0,1]之间的随机数代表 $G(u)$、$F(h)$，代入上式，则可得到服从要求威布尔分布的 u、h。

（3）按照备件保障期，通过运行编制的计算机程序可以得到一系列故障更新、检测更新时间的随机模拟值，即可得到该备件的实际寿命 $t=u+h$。

（4）结合状态检测策略，判断备件后续的工作和维修情况。如果 $t<T_n$，说明其不能工作到后面第一次状态检测时刻，会在之前发生故障，此时产生故障更新。相反，需要继续判断备件是发生检测更新还是故障更新。

（5）判断 u 与 T_n 的大小关系，如果 $u<T_n$，说明第一次状态检测时检测出异常，进行预防性更换；否则，还需结合 h 的大小判断后续是发生检测更新还是故障更新。

（6）持续产生随机数 u、h，直到备件系统工作时间达到保障期 S，可获

取检测更新次数 N_p，故障更新次数 N_f，显然备件消耗量为 N_p 与 N_f 之和。

（7）重复上面步骤，对系统仿真 M 次，然后对所得到的备件消耗量求平均值，即可得出该状态检测策略下备件消耗量期望值。

5.4　解析模型与仿真结果对比分析

上面两节分别建立了状态检测策略下备件需求量的解析模型和仿真过程，这里给出一个假设算例，然后分别采用两种方法进行计算，对比其结果的差异性，并分析各种决策变量对预测结果的影响程度。

5.4.1　备件需求量随备件保障期变化情况

固定备件寿命分布及参数，以及检测间隔期，改变备件保障期的长短，分别采用解析模型和仿真方法，计算备件需求量的大小（以初始时间服从形状参数为 3，尺度参数为 90 天的威布尔分布，延迟时间形状参数为 2.5，尺度参数为 30 天的威布尔分布，检测周期为 30 天为例）。保障期取值以及对应的解析模型计算结果和仿真结果如表 5-1～表 5-3 所示。

表 5-1　备件保障期取值

序号	1	2	3	4	5	6	7	8	9	10
保障期/天	100	200	300	400	500	600	700	800	900	1000

表 5-2　解析法计算的备件需求量

序号	1	2	3	4	5	6	7	8	9	10
保障期/天	100	200	300	400	500	600	700	800	900	1000
备件需求量/个	0.669	1.692	2.991	4.053	5.214	6.531	7.706	8.982	10.346	11.641

表 5-3 仿真法计算的备件需求量（仿真次数取 3000）

序号	1	2	3	4	5	6	7	8	9	10
保障期/天	100	200	300	400	500	600	700	800	900	1000
备件需求量/个	0.650	1.672	2.986	4.089	5.242	6.613	7.916	9.337	10.806	12.148

两种方法得到的结果如图 5-7 所示。为了分析解析法和仿真法在备件需求量计算结果上的一致性，采用两者之差的绝对值除以解析值，然后再求其均值的方式进行计算，即

$$V=\frac{\sum_{i=1}^{L}\frac{\left|\mathrm{EN}_{ai}-\mathrm{EN}_{bi}\right|}{\mathrm{EN}_{ai}}}{L}$$

式中：EN_{ai} 为第 i 个解析计算值；EN_{bi} 为第 i 个仿真计算值；L 为计算值样本量。

将计算结果代入上式，$V=0.022$。

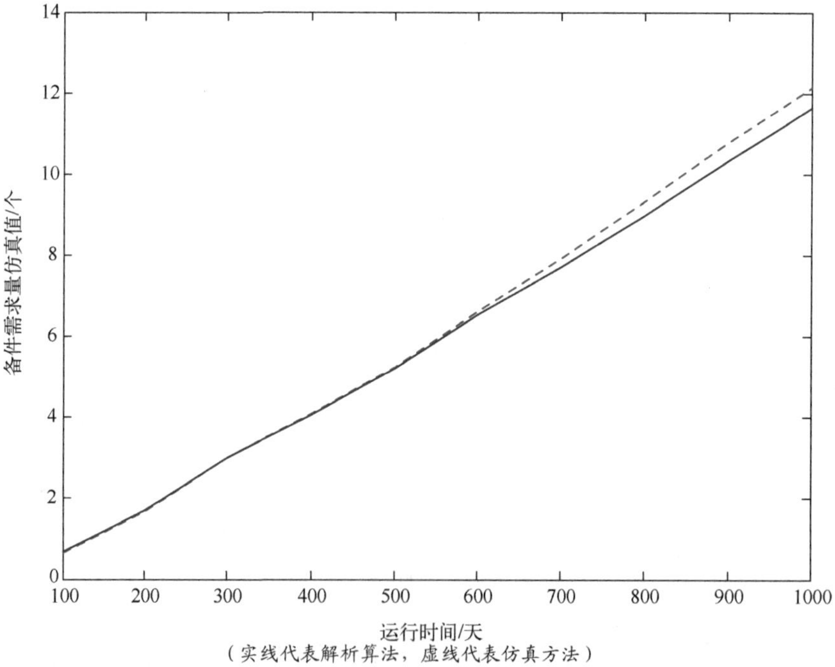

图 5-7 解析模型和仿真法得到的备件需求预测值

5.4.2　备件需求量随检测间隔期变化情况

固定备件寿命分布及参数，以及保障期，改变检测间隔期的长短，分别采用解析模型和仿真方法，计算备件需求量的大小（以初始时间服从形状参数为 3，尺度参数为 90 天的威布尔分布，延迟时间形状参数为 2.5，尺度参数为 30 天的威布尔分布，保障期为 360 天为例）。间隔期取值以及对应的解析模型计算结果和仿真结果如表 5-4～表 5-6 所示。

表 5-4　备件保障期取值

序号	1	2	3	4	5	6	7	8	9	10
间隔期/天	10	20	30	40	50	60	70	80	90	100

表 5-5　解析法计算的备件需求量

序号	1	2	3	4	5	6	7	8	9	10
间隔期/天	10	20	30	40	50	60	70	80	90	100
备件需求量/个	4.858	4.035	3.678	3.469	3.291	3.256	3.174	3.153	3.149	3.103

表 5-6　仿真法计算的备件需求量（仿真次数取 3000）

序号	1	2	3	4	5	6	7	8	9	10
间隔期/天	10	20	30	40	50	60	70	80	90	100
备件需求量/个	4.844	4.147	3.688	3.455	3.279	3.248	3.162	3.137	3.125	3.004

两种方法得到的结果如图 5-8 所示。为了分析解析法和仿真法在备件需求量计算结果上的一致性，采用两者之差的绝对值除以解析值，然后再求其均值的方式进行计算，即

$$V=\frac{\sum_{i=1}^{L}\frac{\left|\mathrm{EN}_{ai}-\mathrm{EN}_{bi}\right|}{\mathrm{EN}_{ai}}}{L}$$

式中：EN_{ai} 为第 i 个解析计算值；EN_{bi} 为第 i 个仿真计算值；L 为计算值样本量。

将计算结果代入上式，$V=0.009$。

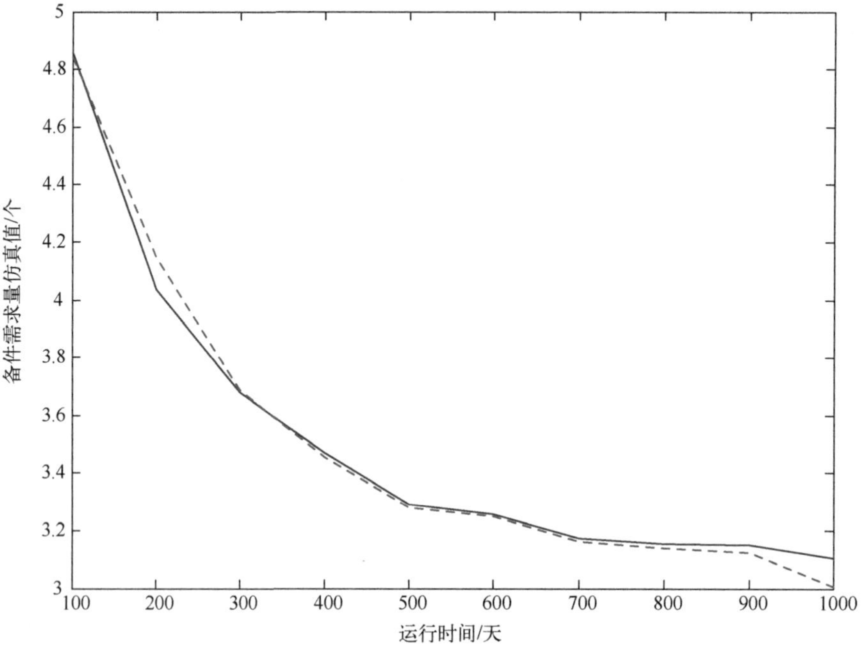

（实线代表解析算法，虚线代表仿真方法）

图 5-8　解析模型和仿真法得到的备件需求预测值

5.4.3　备件需求量随寿命分布尺度参数变化情况

固定备件寿命分布及形状参数，以及检测间隔期和保障期，改变寿命分布尺度参数的长短，分别采用解析模型和仿真方法，计算备件需求量的大小（以初始时间服从形状参数为 3、延迟时间服从形状参数为 2.5 的威布尔分布，检测间隔期为 50 天，保障期为 700 天为例）。寿命分布尺度参数取值以及对应的解析模型计算结果和仿真结果如表 5-7～表 5-9 所示。

表 5-7　尺度参数取值

序号	1	2	3	4	5	6	7	8
初始时间尺度参数	50	60	70	80	90	100	110	120
延迟时间尺度参数	30	35	40	45	50	55	60	65

表 5-8　解析法计算的备件需求量

序号	1	2	3	4	5	6	7	8
初始时间尺度参数	50	60	70	80	90	100	110	120
延迟时间尺度参数	30	35	40	45	50	55	60	65
备件需求量/个	11.713	9.723	8.440	7.532	6.812	6.221	5.723	5.295

表 5-9　解析法计算的备件需求量

序号	1	2	3	4	5	6	7	8
初始时间尺度参数	50	60	70	80	90	100	110	120
延迟时间尺度参数	30	35	40	45	50	55	60	65
备件需求量/个	12.014	9.544	8.295	7.222	6.909	6.338	5.995	5.114

两种方法得到的结果如图 5-9 所示。为了分析解析法和仿真法在备件需求量计算结果上的一致性，采用两者之差的绝对值除以解析值，然后再求其均值的方式进行计算，即

$$V = \frac{\sum_{i=1}^{L} \frac{|\mathrm{EN}_{ai} - \mathrm{EN}_{bi}|}{\mathrm{EN}_{ai}}}{L}$$

式中：EN_{ai} 为第 i 个解析计算值；EN_{bi} 为第 i 个仿真计算值；L 代表计算值样本量。

将计算结果代入上式，$V=0.027$。

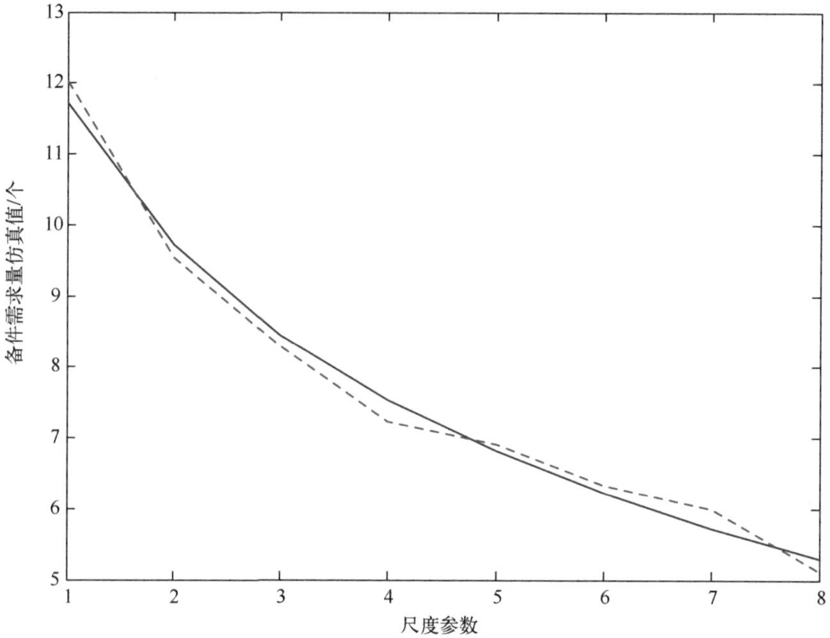

图 5-9　解析模型和仿真法得到的备件需求预测值

5.4.4　备件需求量随寿命分布形状参数变化情况

固定备件寿命分布及尺度参数，以及检测间隔期和保障期，改变寿命分布形状参数的大小，分别采用解析模型和仿真方法，计算备件需求量的大小（以初始时间服从尺度参数为 30 天、延迟时间服从尺度参数为 20 天的威布尔分布，检测间隔期为 30 天，保障期为 700 天为例）。寿命分布形状参数取值以及对应的解析模型计算结果和仿真结果如表 5-10～表 5-12 所示。

表 5-10　形状参数取值

序号	1	2	3	4	5	6	7	8	9	10
初始时间形状参数	2.0	2.2	2.4	2.6	2.8	3.0	3.2	3.4	3.6	3.8
延迟时间形状参数	2.0	2.2	2.4	2.6	2.8	3.0	3.2	3.4	3.6	3.8

表 5-11　解析法计算的备件需求量

序号	1	2	3	4	5	6	7	8	9	10
初始时间形状参数	2.0	2.2	2.4	2.6	2.8	3.0	3.2	3.4	3.6	3.8
延迟时间形状参数	2.0	2.2	2.4	2.6	2.8	3.0	3.2	3.4	3.6	3.8
备件需求量/个	20.078	20.447	20.818	21.232	21.711	22.257	22.869	23.541	24.267	25.043

表 5-12　仿真法计算的备件需求量

序号	1	2	3	4	5	6	7	8	9	10
初始时间形状参数	2.0	2.2	2.4	2.6	2.8	3.0	3.2	3.4	3.6	3.8
延迟时间形状参数	2.0	2.2	2.4	2.6	2.8	3.0	3.2	3.4	3.6	3.8
备件需求量/个	20.112	20.484	21.003	21.356	21.882	22.110	22.569	22.965	23.778	24.528

两种方法得到的结果如图 5-10 所示。为了分析解析法和仿真法在备件需求量计算结果上的一致性，采用两者之差的绝对值除以解析值，然后再求其均值的方式进行计算，即

$$V=\frac{\sum_{i=1}^{L}\frac{\left|\mathrm{EN}_{ai}-\mathrm{EN}_{bi}\right|}{\mathrm{EN}_{ai}}}{L}$$

式中：EN_{ai} 为第 i 个解析计算值；EN_{bi} 为第 i 个仿真计算值；L 为计算值样本量。

将计算结果代入上式，$V=0.011$。

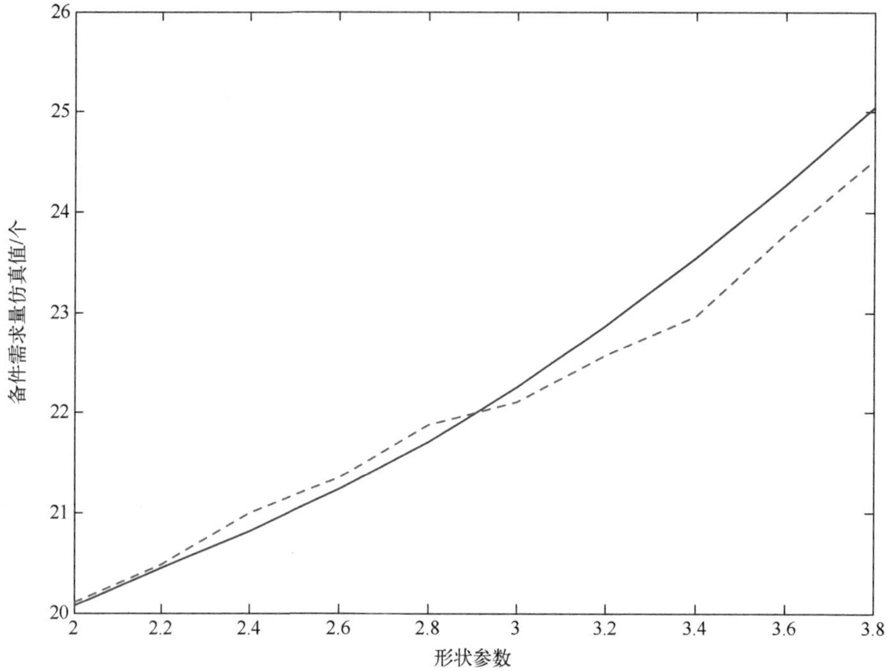

（实线代表解析算法，虚线代表仿真方法）

图 5-10　解析模型和仿真法得到的备件需求预测值

5.5 应 用 算 例

通过调研可知，某设备火花塞实施的是状态检测策略，其从投入使用到出现可发现缺陷状态的时间服从形状参数为 2.5，尺度参数为 180 飞行小时的威布尔分布，若不采取任何措施，从缺陷状态发展到故障的时间服从形状参数为 3，尺度参数为 60 飞行小时的威布尔分布。

目前对其实行的是每 30 飞行小时左右进行一次状态检测，若检测到出现缺陷，则进行更换；否则继续运行到下一检测期。运行过程中，若发生了意外故障，则进行停机更换。为了做好后续备件筹备与供应工作，现预测后续两年备件消耗量。

现利用上面所建立的备件消耗量预测模型进行分析和计算；同时，为了分析的全面性，也计算检测间隔期取其他不同值时所对应的备件消耗量，以便为维修策略的优化提供参考。这里对检测间隔期的取值如表 5-13 所示。

表 5-13　无人机火花塞状态检测间隔期取值

序号	1	2	3	4	5	6	7	8	9
检测间隔期/飞行小时	10	20	30	40	50	60	70	80	90
序号	10	11	12	13	14	15	16	17	18
检测间隔期/飞行小时	100	110	120	130	140	150	160	170	180

利用模型计算当状态检测间隔期取不同值时，两年之内备件消耗量的期望值，计算结果如表 5-14 所示。

表 5-14　两年之内备件消耗量的期望值

序号	1	2	3	4	5	6	7	8	9
检测间隔期/飞行小时	10	20	30	40	50	60	70	80	90
备件消耗量期望值	4.04	3.93	3.85	3.84	3.74	3.77	3.83	3.99	4.15
序号	10	11	12	13	14	15	16	17	18
检测间隔期/飞行小时	100	110	120	130	140	150	160	170	180
备件消耗量期望值	4.16	4.23	4.25	4.32	4.40	4.63	4.56	4.52	4.59

可见，当状态检测间隔期取不同值时，所对应的备件消耗量也随之变化，

当前情况下间隔期为 50 飞行小时时，备件消耗量期望值取最小值，约等于 3.74 个备件。

由上面算例的计算结果可知，基于火花塞的可靠性规律，可以预测其在当前的预防性维修策略下，接下来的一段时间之内所需准备的备件数量期望值；同时，由于其也提供了不同间隔期下所对应的备件消耗量，此结果可为综合权衡维修保障费用与效益、优化维修策略提供参考。

第6章 工龄更换与备件库存策略联合优化模型

备件库存管理是设备管理和维修工作的重要环节，如何提高备件保障效率、降低备件库存费用，是摆在各级设备保障部门面前十分重要和艰巨的任务。长期以来，备件库存管理研究工作主要是针对事后维修展开的，对于考虑预防性维修策略下备件库存决策问题的研究却很少。这样使得所做出的备件库存决策由于缺乏科学性和针对性，不但会导致设备的战备完好性下降，而且会导致部分备件严重积压。

鉴于此，本章针对工龄更换维修策略，分析了预防性更换活动对备件保障决策的影响，研究了考虑预防性维修时备件的库存消耗规律，建立了综合考虑工龄更换与备件库存策略的联合决策模型，以实现对工龄更换间隔期、备件订购间隔期及最大库存水平等的联合优化。

本章研究这样一类问题，即系统的意外停机将造成较大损失，甚至还会招致灾难性后果。因而，有必要在故障前进行计划更换。系统由一个工作部件和与之相同的 S 个备用部件组成。如果工作部件在更换周期 T 内出现故障，则进行故障后更换。如果在 T 内无故障则进行计划更换，用备用部件替代工作部件。直到没有备用部件、最后一个单元发生故障为止，此时系统故障，并假设：①部件寿命服从一般分布；②处于备用状态的部件不发生故障；③部件故障率为单调增函数。

6.1 工龄更换策略下备件库存控制过程

针对工龄更换策略下备件需求的特点，本章提出 (T, t_0, S) 策略。该策略通过分析一个订购期内订购间隔期 t_0、最大库存水平 S、工龄更换周期 T 对系统单位时间总费用 c_0（包括维修费用和库存费用）的影响，建立订购间隔期 t_0、最大库存水平 S、工龄更换周期 T 与单位时间总费用 c_0 的关系，然后以单位时间总费用 c_0 最小为目标，对工龄更换周期 T、订购间隔期 t_0 及最大库存水平 S 进行优化，实现工龄更换策略与备件订购间隔期及最大库存水平的联合优化。

在预防性维修的各项工作中，工龄更换必然涉及备件问题。之前所建立的工龄更换模型，往往不考虑可能出现的备件短缺问题，即假设备件无限多。如果系统的意外停机将造成较大损失，甚至还会招致灾难性后果，就有必要在故障前进行计划更换，并考虑其备件供给问题。

对于工龄更换策略下的设备，其备件的供应保障可以采用 (t_0, S) 库存控制策略，如图 6-1 所示。即从上一次到货算起，每隔时间 t_0 进行一次库存检查，并发出一次订购；假定检查时库存量为 I，则订购批量为 $S-I+1$，把现有库存补充到最大库存水平 S，此时库存进入下一个循环周期。

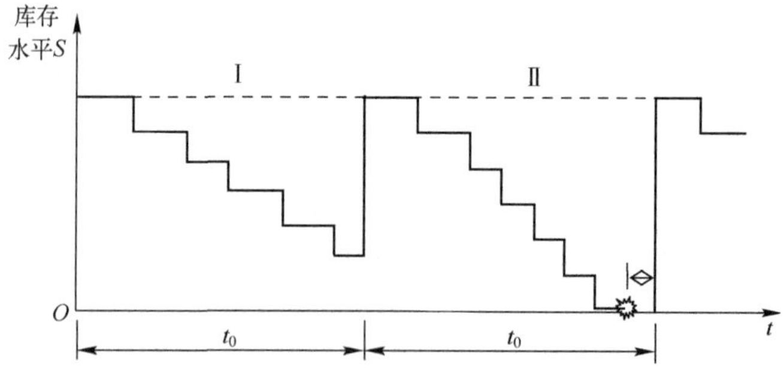

注：表示系统因缺少维修备件而停机。

图 6-1　备件库存循环示意图

因此，该备件系统在订购期内的库存可能出现两种情况：①订购期内的备件实际需求量小于备件库存量，订货时有剩余备件库存，如图 6-1 中情形Ⅰ所示；②订购期内的备件实际需求量大于备件库存量，订货之前出现缺货，如图 6-1 中情形Ⅱ所示。

所以，如果从维修保障费用的角度考虑，该策略下一个订购周期内的总费用包括工龄更换维修费用、故障更换维修费用、库存费用、备件订购成本和每次货到时的一次预防维修费用。

6.2　备件系统维修保障费用结构分析与建模

与系统备件消耗过程相对应，在备件供应过程中所需的费用也有两种情况：一是到达订购期 t_0 备件仍有剩余时，所对应的费用包括维修费用（预防性更换和故障后更换费用）、库存费用、订购费用、到货后的预防性更换费用；二是到达 t_0 前备件已消耗完时，所对应的费用除了上面 4 种，还有缺货损失。由于关于维修费用的计算方法和模型已比较成熟，这里重点介绍不同情况下库存费用及缺货损失的建模方法。

情形Ⅰ时，设 K 为每次订购费，h 为单位库存成本，k 为 t_0 内的更换次数，z_i 为第 i 次更换的时刻，C_Z 为 t_0 内的储存成本，则

$$C_Z = E\left\{h\left[S\Delta z_1 + (S-1)\Delta z_2 + \cdots + (S-k)\Delta z_k\right]\right\} \tag{6-1}$$

式中：Δz_i 为部件寿命，$\Delta z_i = z_i - z_{i-1}$，$i = 1,2,\cdots,k$。

由于 $E(\Delta z_i) = \int_0^T R(t)\mathrm{d}t$，因此有

$$\begin{aligned} C_Z &\approx \sum_{k=0}^{S} h[S + (S-1) + \cdots + (S-k)] \cdot E(\Delta z_i) \cdot P(k) \\ &= h\int_0^T R(t)\mathrm{d}t\left[\sum_{k=0}^{S}(S + S - 1 + \cdots + S - k) \cdot P(k)\right] \end{aligned} \tag{6-2}$$

式中：$P(k) = \sum_{i=0}^{k} P(n=i) = \sum_{i=0}^{k} C_k^i F^{k-i}(T) R^i(T)$。

令 c_z 为不缺货时的单位周期储存成本，则

$$
\begin{aligned}
c_z &= C_Z / t_0 \\
&= \frac{1}{t_0} h \int_0^T R(t)\mathrm{d}t \times \left\{ \sum_{k=0}^{S} \left[(k+1)(S-k/2) \sum_{i=0}^{k} C_k^i F^{k-i}(T) R^i(T) \right] \right\}
\end{aligned} \tag{6-3}
$$

情形Ⅱ时，假定系统在时刻t_0之前因缺备件而停机，用X表示系统寿命，可得到系统缺货时间分布$Q(y)$为

$$
Q(y) = P\{t_0 - X \leqslant y \mid X < t_0\} = 1 - \frac{G(t_0 - y)}{G(t_0)}
$$

对固定的$t_0 \geqslant 0$，$Q(y)$是关于y的分布函数，记T_a为缺货时订购期t_0内期望缺货时间长，则T_a的表达示为

$$
\begin{aligned}
T_a &= E\{t_0 - X \mid t_0 > X\} = \int_0^{t_0} y\mathrm{d}Q(y) \\
&= yQ(y)\Big|_0^{t_0} - \int_0^{t_0} Q(y)\mathrm{d}y \\
&= \frac{\int_0^{t_0} G(t_0 - y)\mathrm{d}y}{G(t_0)} = \frac{\int_0^{t_0} G(y)\mathrm{d}y}{G(t_0)}
\end{aligned} \tag{6-4}
$$

所以，如果单位时间缺货损失为p，订购期t_0内期望缺货损失为$\dfrac{p\int_0^{t_0} G(y)\mathrm{d}y}{G(t_0)}$。

此时，订购期内平均库存量为$\dfrac{S \cdot (t_0 - T_a)}{2t_0}$，可知单位周期储存成本为$h \cdot \dfrac{S \cdot (t_0 - T_a)}{2t_0}$。

综合考虑以上两种情况，可得到单位周期的库存总费用$c(t_0, S)$的表达式。

6.3 工龄更换与备件库存控制仿真过程分析

由于产品发生故障是一个随机事件，因此故障发生的时间可以用随机变量来描述。这里通过对模型进行仿真，并实现工龄更换与备件库存策略的联合优化，仿真流程如图 6-2 所示。其基本步骤如下：

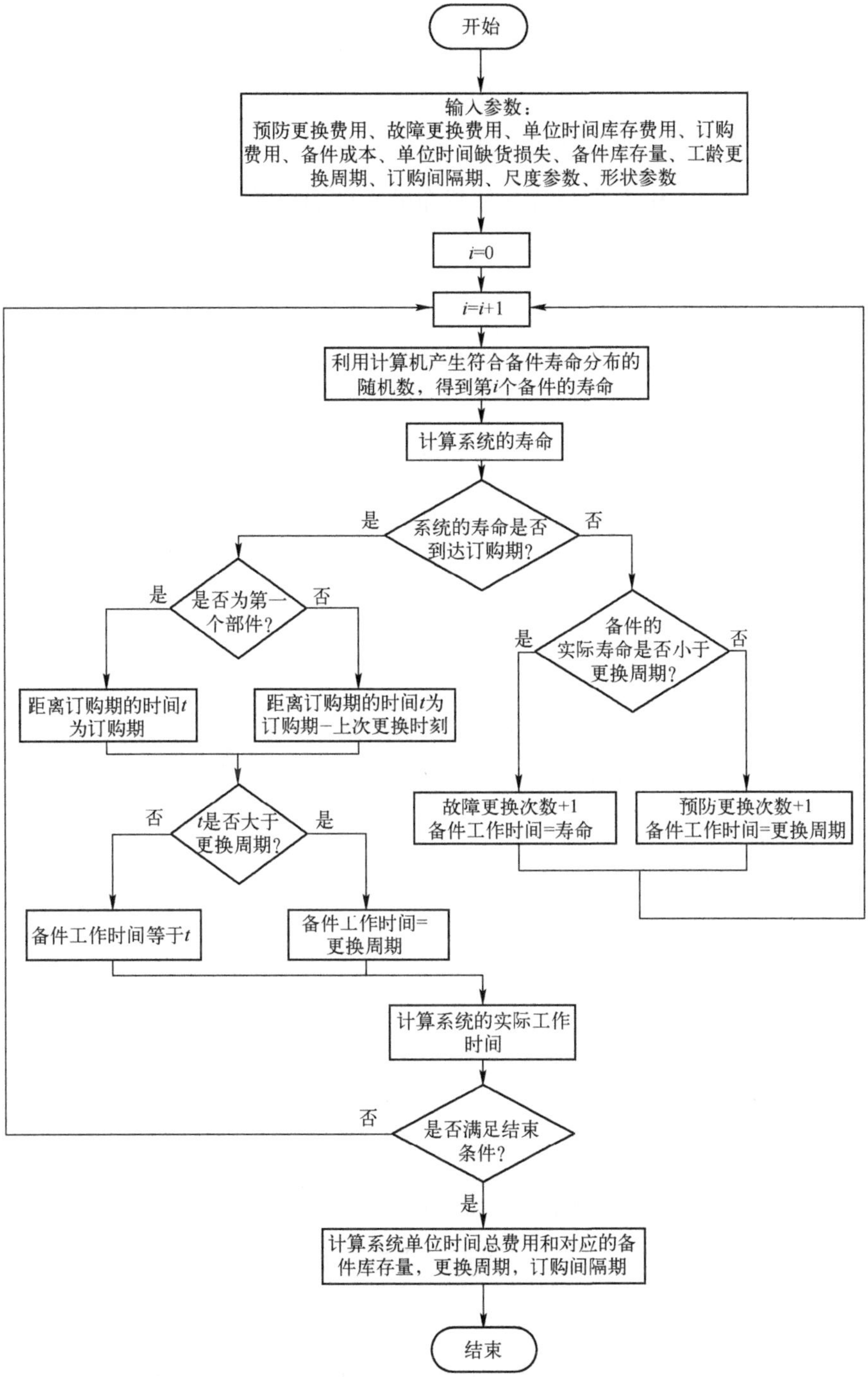
开始
输入参数：
预防更换费用、故障更换费用、单位时间库存费用、订购费用、备件成本、单位时间缺货损失、备件库存量、工龄更换周期、订购间隔期、尺度参数、形状参数
i=0
i=i+1
利用计算机产生符合备件寿命分布的随机数，得到第i个备件的寿命
计算系统的寿命
系统的寿命是否到达订购期?
是
否
是否为第一个部件?
是
否
距离订购期的时间t为订购期
距离订购期的时间t为订购期-上次更换时刻
t是否大于更换周期?
否
是
备件工作时间等于t
备件工作时间=更换周期
计算系统的实际工作时间
备件的实际寿命是否小于更换周期?
是
否
故障更换次数+1
备件工作时间=寿命
预防更换次数+1
备件工作时间=更换周期
是否满足结束条件?
否
是
计算系统单位时间总费用和对应的备件库存量，更换周期，订购间隔期
结束

图 6-2　仿真流程

（1）根据实际情况初始化系统的预防更换费用、故障更换费用、单位时间库存费用、订购费用、备件成本、单位时间缺货损失、备件库存量、工龄更换周期、订购间隔期、尺度参数、形状参数。

（2）利用计算机产生符合备件寿命分布的随机数，得到系统中第i个部件的可工作时间。

（3）计算系统中第i个部件的实际工作时间。若部件的可工作时间小于工龄更换周期，则实际工作时间为可工作时间，否则实际工作时间为工龄更换周期。

（4）计算系统的预防更换次数和故障更换次数。若第i个部件的实际工作时间小于工龄更换周期，则故障更换次数加 1，否则预防更换次数加 1。

（5）计算系统的实际工作时间。

（6）若系统实际工作时间达到订购间隔期，执行步骤（7），否则$i=i+1$，返回步骤（2）。

（7）计算系统单位时间总费用，仿真结束。

由于仿真过程是利用计算机产生符合备件寿命分布的随机数，从而得到部件的实际寿命；因此在相同条件下，每次仿真得到的结果都不相同。所以需要在相同条件下多次仿真，计算出一个平均值；然后计算出每组参数对应的单位时间总费用，通过比较得到最小的费用。如图 6-3 所示，本章将采用以下步骤对系统进行优化：

（1）为备件库存量、订购间隔期、更换周期输入一个取值范围，确定系统仿真次数N。

（2）系统对每组参数仿真N次，得到对应的单位时间总费用。

（3）通过比较得到最小的单位时间总费用及对应的参数。

（4）若备件库存量、订购间隔期、更换周期的取值能够继续优化，返回步骤（1），否则执行步骤（5）。

（5）输出最小的单位时间总费用和对应的参数，优化结束。

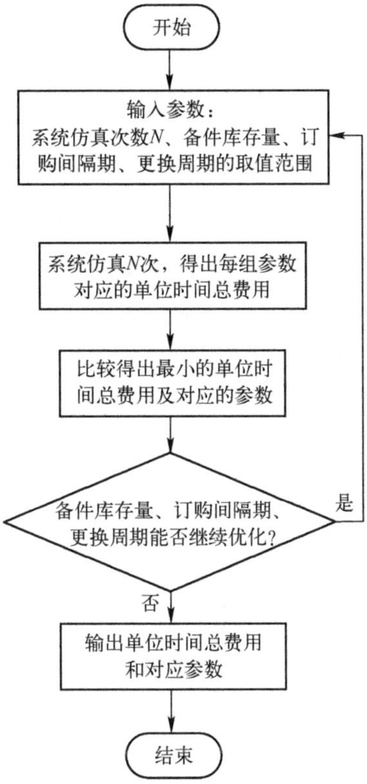

图 6-3　优化流程

6.4　算例求解与分析

假设某单部件系统中产品的故障时间服从威布尔分布，其中尺度参数 α =90 天，形状参数 $\beta=2$。假设每次工龄更换的费用 $C_p=100$ 元，每次故障更换的费用 C_f=500 元，每次订购费用 $K=800$ 元，单位库存费用 $h=5$ 元/(个·天)，每个备件订购成本 C_b=10 元，单位时间缺货损失 p=60 元/天。假设每次对系统进行优化时的仿真次数 $N=10000$。$t=0$ 时刻系统至少要有一个备件，即系统的最大库存水平 $S\geqslant 1$。

6.4.1 工龄更换周期优化

当备件的订购间隔期t_0及最大库存水平S都固定不变时，对工龄更换周期T进行优化，假设$t_0=180$天，$S=10$。当订购间隔期t_0及最大库存水平S一定时，若工龄更换周期T过短，单位时间内预防维修费用会偏高；而若工龄更换周期T过长，则系统的故障维修费用会偏高。

假设工龄更换周期分别取10天，20天，30天，…，100天，对工龄更换周期T进行优化，如表6-1所示。

表6-1 工龄更换周期取不同值时对应的单位时间总费用

T/天	S/个	t_0/天	c_0/（元/天）
10	10	180	52.7216
20	10	180	**44.2553**①
30	10	180	50.8889
40	10	180	54.2163
50	10	180	56.3129
60	10	180	57.8489
70	10	180	58.7099
80	10	180	59.4604
90	10	180	60.1256
100	10	180	60.4488

① 标记的为最小单位时间总费用。

由表6-1可得$T=20$，假设$T_{mat}=[10:30]$，继续对工龄更换周期T进行优化计算，如表6-2所示。

表 6-2　每个 T 值对应的一组最优解和单位时间总费用

T /天	S /个	t_0 /天	c_0 /（元/天）
10	10	180	52.7212
11	10	180	50.7806
12	10	180	48.8549
13	10	180	46.8881
14	10	180	44.9820
15	10	180	43.0382
16	10	180	41.1402
17	10	180	**40.8407**①
18	10	180	42.0750
19	10	180	43.1350
20	10	180	44.2276
21	10	180	45.0899
22	10	180	45.9829
23	10	180	46.7741
24	10	180	47.4629
25	10	180	48.1653
26	10	180	48.8106
27	10	180	49.2792
28	10	180	49.8364
29	10	180	50.3716
30	10	180	50.9064

① 标记的为最小单位时间总费用。

为了更加直观地得出工龄更换周期 T 与单位时间总费用的关系，根据表 6-2 绘出图 6-4。

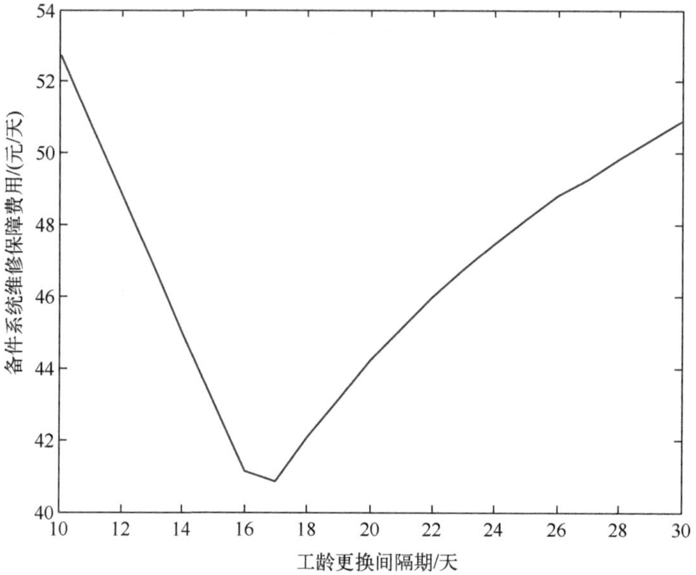

图 6-4　$T-c_0$ 曲线

所以可得当工龄更换周期为 17 天时，单位时间总费用最小，为 40.8407 元/天。

6.4.2　工龄更换周期和最大库存水平联合优化

本节进一步改变最大库存水平，令 $S_{mat}=[1:10]$，$T_{mat}=[10:10:100]$，利用 MATLAB 计算软件，对工龄更换周期 T 进行优化，如表 6-3 所示。

表 6-3　每个 S 值对应的一组最优解和单位时间总费用

T /天	S /个	t_0 /天	c_0 /（元/天）
100	1	180	28.5993
80	2	180	**22.9695**①
60	3	180	23.6915
40	4	180	25.3046
30	5	180	28.0016

续表

T /天	S /个	t_0 /天	c_0 /（元/天）
30	6	180	30.9995
30	7	180	35.9109
20	8	180	35.1215
20	9	180	39.2589
20	10	180	44.2382

① 标记的为最小单位时间总费用。

假设 $S_{mat}=[1:10]$，$T_{mat}=[70:90]$，继续对工龄更换周期 T 进行优化计算，如表 6-4 所示。

表 6-4　每个 S 值对应的一组最优解和单位时间总费用

T /天	S /个	t_0 /天	c_0 /（元/天）
90	1	180	29.6840
86	2	180	**22.8535**①
70	3	180	24.2421
70	4	180	28.7881
70	5	180	33.7698
70	6	180	38.7175
70	7	180	43.7281
70	8	180	48.7464
70	9	180	53.7634
70	10	180	58.7381

① 标记的为最小单位时间总费用。

为了更加直观地看到单位时间总费用 c_0 随工龄更换周期 T 和最大库存水平 S 的变化情况，绘制三维曲面图 ($t_0=180$)，如图 6-5 所示。总体来看，工龄更换周期 T 越小，单位时间总费用 c_0 越大；最大库存水平 S 越大，单位

时间总费用 c_0 越大。

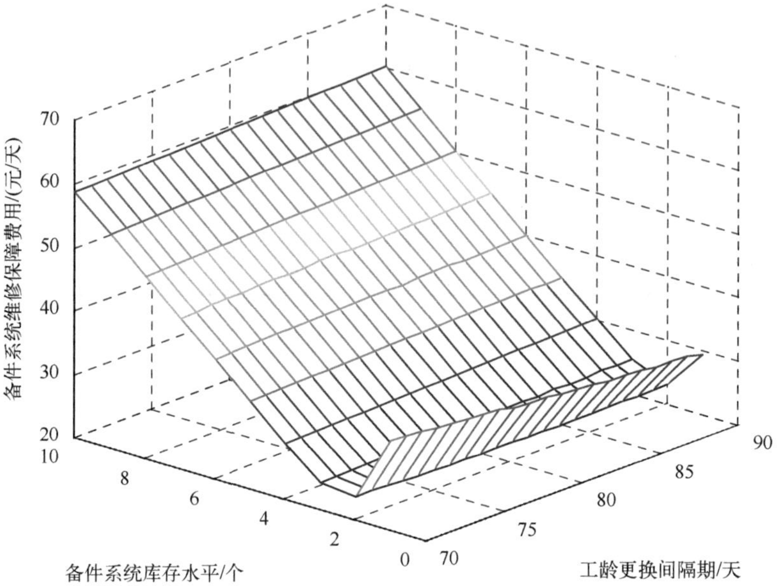

图 6-5　$S-T-c_0$ 曲面

当 $t_0=180$ 单位时，若工龄更换间隔期为 86 天，备件最大库存水平为 2 个，可使得单位时间总费用最小，为 22.8535 元/天。

6.4.3　最大库存水平和订购间隔期联合优化

当备件的工龄更换周期 T 固定不变时，同时对备件的最大库存水平 S 和订购间隔期 t_0 进行优化，所以假设 $T=60$。当工龄更换周期 T 一定时，最大库存水平 S 越小，单位时间内库存费用越低，但是缺货概率会升高；订购间隔期 t_0 太长，缺货概率会升高；订购间隔期 t_0 太短，订购费用会升高。

假设 $S_{mat}=[1:10]$，t_{0mat}=[10：10：180]，利用 MATLAB 计算软件，对系统进行优化。

根据仿真结果绘制 $S-t_0-c_0$ 曲面，如图 6-6 所示。当 $T=60$ 时，存在备件最大库存水平为 2 个、订购间隔期为 140 天，使得单位时间总费用最小，为 22.5787 元/天。

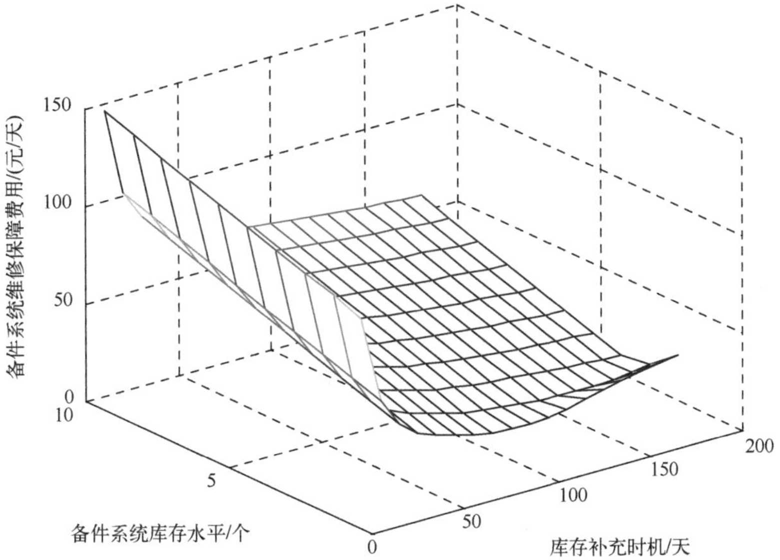

图 6-6　$S-t_0-c_0$ 曲面

6.4.4　工龄更换周期和订购间隔期联合优化

当备件的最大库存水平 S 固定不变时，同时对备件的工龄更换周期 T 和订购间隔期 t_0 进行优化，所以假设最大库存水平为 3。当最大库存水平 S 一定时，工龄更换周期 T 越短，单位时间内预防维修费用越高，工龄更换周期 T 太长，系统的故障维修费用会升高。订购间隔期 t_0 越大，缺货概率越高；订购间隔期 t_0 越小，订购费用越高。

假设 T_{mat}=[10：10：100]，t_{0mat}=[30：30：360]，通过计算相应的数值对系统进行优化。

根据仿真结果绘制单位时间总费用 c_0 随工龄更换周期 T 和订购间隔期 t_0 变化情况的三维曲面，如图 6-7 所示。当最大库存水平 S=3 时，存在工龄更换周期为 70 天、订购间隔期为 210 天，使得单位时间总费用最小，为 23.6366 元/天。

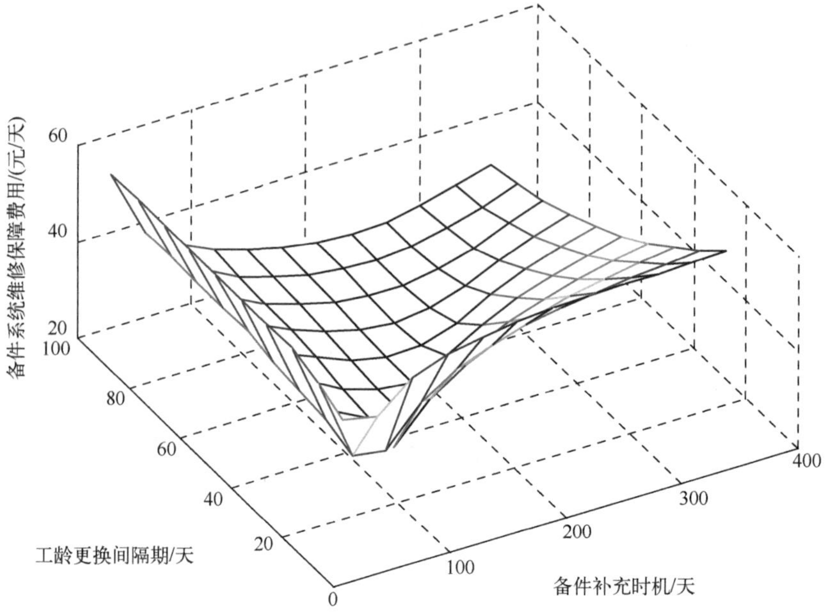

图 6-7　$T-t_0-c_0$ 曲面

6.4.5　工龄更换与备件库存策略联合优化

当备件的最大库存水平 S 、工龄更换周期 T 和订购间隔期 t_0 都不固定，此时假设 T_{mat}=[20：10：90]、S_{mat}=[1：5]、t_{0mat}=[60：10：180]，利用 MATLAB 计算软件，对单位时间总费用 c_0 进行优化。可得存在最优解即当工龄更换周期为 70 天、备件最大库存水平为 3 个、订购间隔期为 150 天时，系统的单位时间总费用取得最小值，为 22.2809 元/天，如表 6-5 所示。

表 6-5　各组变量组合对应的一组最优解和单位时间总费用

T /天	S /个	t_0 /天	c_0 /（元/天）
40	1	60	26.5535
50	1	70	24.8673
60	1	80	23.9998

续表

T /天	S /个	t_0 /天	c_0 /（元/天）
60	1	90	22.9169
80	1	100	23.2004
50	2	110	23.2812
50	2	120	22.9001
60	2	130	22.6949
60	2	140	22.5751
70	3	150	**22.2809**①
70	3	160	22.7198
80	3	170	22.5981
80	3	180	22.9141

① 标记的为最小单位时间总费用。

第 7 章　成组更换与备件库存策略联合优化模型

本章考虑这样一类问题，一个系统由 N 个同型工作部件和与之相同的 S 个备用部件组成。当有工作部件在更换周期 T 内发生故障，若备件可用，则进行故障后更换；若没有备件，则不进行更换。当系统运行到时刻 $kT\ (k=1,2,\cdots)$ 时，进行一次备件订购，之后系统中的所有部件进行一次预防性更换（成组更换），同时把库存量补充到 S，这时库存进入新的一个循环周期。

针对成组更换策略下备件需求的特点，本章分析了系统在成组更换间隔期内的维修更换和备件保障过程，建立了综合考虑成组更换策略与备件库存控制的联合决策模型，并给出了模型的仿真优化方法，以单位时间期望总费用最小为目标，实现了对预防维修间隔期和最大库存水平的联合优化。

7.1　成组更换策略下备件库存控制过程

对于一个由 N 个同型部件组成的系统，对其维修采用成组更换策略，备件补充采用 (T,S) 订货策略，如图 7-1 所示。在时刻 $t=0$ 时，初始备件库存量为 S 。当系统中有部件发生随机故障时，若库存中有备件，则进行故障后更换；若无备件，则不进行更换，此时将造成缺货损失。当系统运行到时刻 $kT\ (k=1,2,\cdots)$ 时，进行一次备件订购，如果订购时备件库存量为 I ，则订购批量为 $S+N-I$ ，之后系统中的所有部件进行一次预防性更换（成组更换），这时库存进入新的一个循环周期。

因此，在订购间隔期内的备件库存可能出现两种情况：①订购间隔期内的备件实际需求量小于备件库存量，订货时有剩余备件库存，如图 7-1 中情形 I 所示；②订购间隔期内的备件实际需求量大于备件库存量，货到之前开始出现有部件发生故障而无备件更换，如图 7-1 中情形 II 所示。

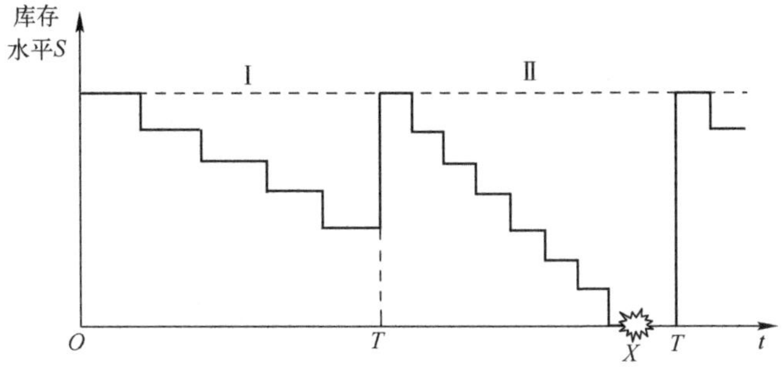

注：表示系统中开始有部件故障而没备件更换。

图 7-1　备件库存循环示意图

所以，如果从维修保障费用的角度考虑，该策略下一个订购期内的总费用包括故障后更换费用 C_F、成组更换费用 C_B、缺货损失费用 C_Q、备件订购费用 C_o 和储存费用 C_H。

7.2　备件系统维修保障费用结构分析与建模

在一个订购期内所产生的费用包括故障后更换费用 C_F、成组更换费用 C_B、缺货损失费用 C_Q、备件订购费用 C_o 和储存费用 C_H。若用 K_n 表示系统中的部件时间间隔 $[0,T)$ 内第 n 次故障后更换的时间点，$M_{i,j}$ 表示系统在时间间隔 $[0,T)$ 内第 i 个部件第 j 次故障的时间点，则各项费用的产生情况如下：

系统在一个订购期内的储存费用可分为以下几种情况：

（1）如果 $T < K_1$，即系统中的部件在时间间隔 $[0,T)$ 内没有故障后更换，此时总库存时间量为 ST。

（2）如果$K_1 \leqslant T < K_2$，即系统中的部件在时间间隔$[0,T)$内进行了一次故障后更换，此时总库存时间量为$K_1+(S-1)T$；以此类推，如果$K_{S-1} \leqslant T < K_S$，即系统中的部件在时间间隔$[0,T)$内进行了$S-1$次故障后更换，此时总库存时间量为$K_1+K_2+\cdots+K_{S-1}+T$。

（3）如果$T \geqslant K_S$，即库存的备件在时间间隔$[0,T)$内已经用完，此时总库存时间量为$K_1+K_2+\cdots+K_S$。

系统在一个订购周期内的缺货损失费用可分以下两种情况：

（1）如果系统中的部件在时间间隔$[0,T)$内的故障次数$f \leqslant S$，则缺货损失为零。

（2）如果系统中的部件在时间间隔$[0,T)$内的故障次数$f > S$，若$M_{i,j-1} < K_S < M_{i,j}$（图 7-2），则缺货损失时间总量为$\sum\limits_i \sum\limits_j (T-M_{i,j})$。

令f表示系统中各部件在时间间隔$[0,T)$内故障的总次数，FR 表示系统中各部件在时间间隔$[0,T)$内故障后更换的总次数，则一个订购期内总费用$C_{总}$可分以下两种情况。

（1）对于图 7-2 中情形Ⅰ：

$[0,T)$内故障后更换的总次数为$\text{FR}=f$；

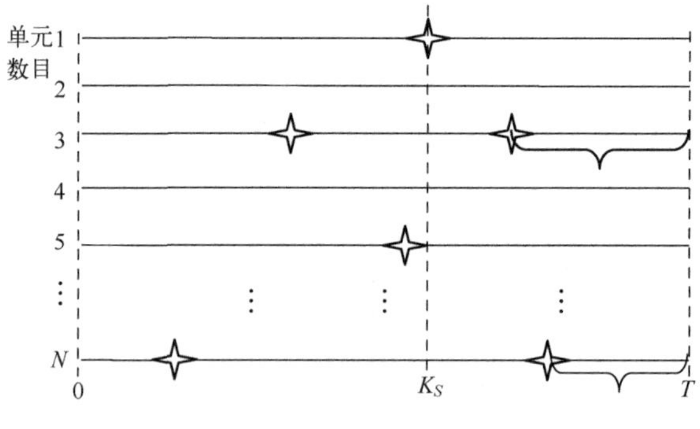

图 7-2　系统中各部件故障后更换示意图

注：✧ 表示系统中各部件发生故障的时间点；⏟ 表示各部件的缺货时间长。

故障后更换费用为$C_F = f \cdot c_f$；

成组更换费用为 $C_B = N \cdot c_b$；

储存费用为 $C_H = [K_1 + K_2 + \cdots + K_f + (S - f)T] \cdot c_h$；

缺货损失费用为 $C_Q = 0$；

则一个订购期内总费用 $C_{总}$ 为

$$C_{总} = C_o + f \cdot c_f + N \cdot c_b + [K_1 + K_2 + \cdots + K_f + (S - f)T] \cdot c_h \tag{7-1}$$

（2）对于图 7-2 中情形Ⅱ：

$[0,T)$ 内故障后更换的总次数为 $\mathrm{FR} = S$；

故障后更换费用为 $C_F = S \cdot c_f$；

成组更换费用为 $C_B = N \cdot c_b$；

储存费用为 $C_H = (K_1 + K_2 + \cdots + K_s) \cdot c_h$；

缺货损失费用为 $C_Q = c_q \cdot \sum_i \sum_j (T - M_{i,j})$，其中 $M_{i,j-1} < K_S < M_{i,j}$；

则一个订购期内总费用 $C_{总}$ 为

$$C_{总} = C_o + S \cdot c_f + N \cdot c_b + (K_1 + K_2 + \cdots + K_S) \cdot c_h + c_q \cdot \sum_i \sum_j (T - M_{i,j}) \tag{7-2}$$

7.3　成组更换与备件库存控制仿真过程分析

由于部件维修更换和库存更新过程比较复杂，所建立的模型一般也十分复杂，因此想要通过数学解析模型对部件长期运行的费用率进行求解通常会比较困难。采用维修更换和库存更新的仿真模型来代替解析模型将大大减少模型的复杂程度和求解难度。通过蒙特卡罗仿真方法对部件维修更换和库存更新过程的模拟，可以实现对联合优化模型的近似求解。

当对系统运行仿真 M 次（M 足够大）时，根据上文分析的两种情况，可得到每次仿真的总费用 $C_{总}^m$，$m = 1,2,\cdots,M$，则单位时间的期望总费用为

$$Ec_0 = \sum_{m=1}^{M} C_{总}^m \Big/ (MT) \tag{7-3}$$

模型优化的目标是使单位时间的期望总费用最小，并确定最佳的成组更换间隔 T 和最大库存水平 S。这里主要基于蒙特卡罗仿真方法来迭代得到近似最优解。蒙特卡罗仿真方法基本思想是：当实验次数足够多时，某一事件出现的频率近似于该事件发生的概率。也就是说，蒙特卡罗方法是在计算机上实现的统计抽样法，用仿真模型代替实际系统而进行大量的实验，目的是力图用大量的抽样实验的统计结果来逼近总体的统计特征。由于产品发生故障是随机的，因此故障发生的时间可以用随机变量来描述，只要产生符合故障发生规律的随机变量就可以用蒙特卡罗仿真来对系统进行仿真计算。这里利用 MATLAB 软件对模型进行迭代仿真来优化求解，其步骤如图 7-3 所示。

（1）根据实际情况确定部件故障概率密度分布函数的参数，c_f、c_b、c_q、c_h、C_o 的取值和仿真次数 M。由于威布尔分布具有广泛的适用性，它能根据参数的变化来模拟大多数产品的退化过程，所以，产品故障分布采用威布尔分布，其概率密度分布函数为

$$f(t)=\frac{\alpha}{\beta}\left(\frac{t}{\beta}\right)^{\alpha-1}\mathrm{e}^{-\left(\frac{t}{\beta}\right)^{\alpha}},\quad t\geqslant 0 \tag{7-4}$$

式中：α 为形状参数；β 为尺度参数。

（2）确定成组更换维修系统中部件的数量 N 和选定成组更换间隔 T 与最大库存水平 S 能保证决策最优的取值范围。根据现实可能，这里把 T 的取值范围定为 $[\Delta t, 2U)$，其中 Δt 为单位步长，U 为部件的平均寿命；S 的取值范围定为 $[0,2N)$。令初始值 $T=\Delta t$，$S=0$。

（3）运用蒙特卡罗法产生系统在时间 $[0,T)$ 内各部件的故障总次数 f、故障后更换的时间点 K_n 和第 i 个部件第 j 次故障的时间点 M_{ij}，根据仿真情况，计算出一个订购期内总费用 $C_{总}$，即完成一次计算。如图 7-3 虚线框中所示，对系统运行仿真 M 次，得出每组 (T,S) 取值对应的单位时间期望总费用 Ec_0^{TS}。

（4）$S=S+1$，若 $S<2N$，返回步骤（3），否则执行步骤（5）。

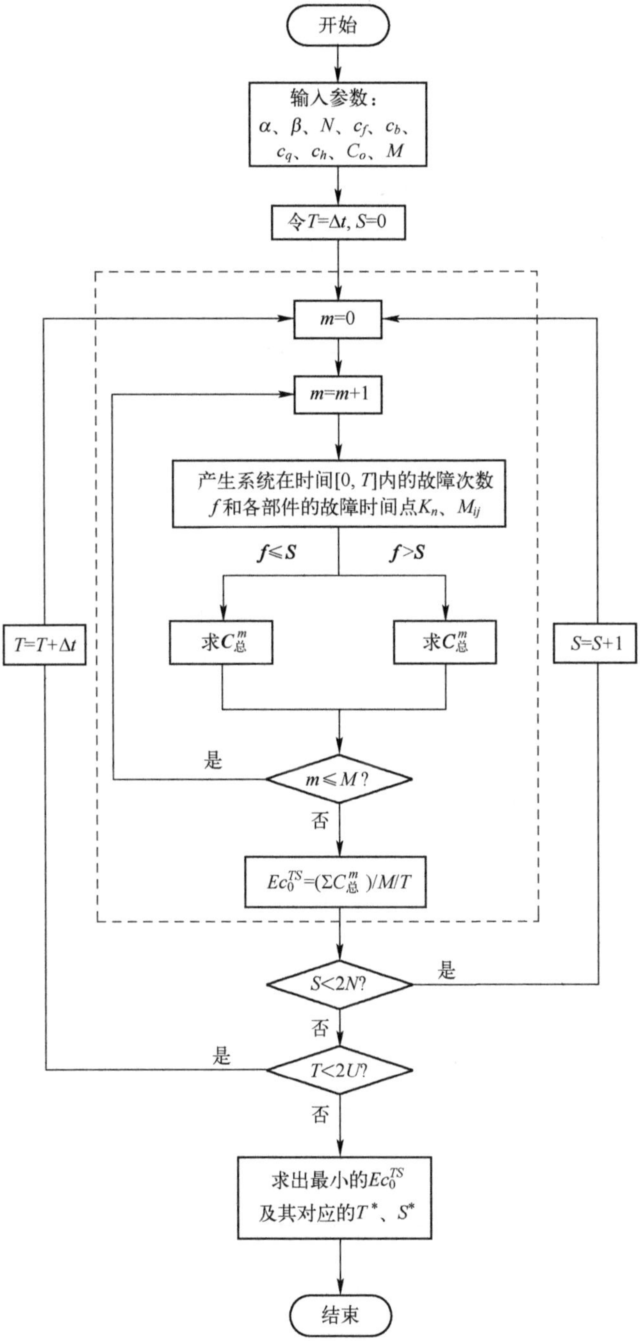

图 7-3　基于仿真的迭代寻优流程

（5）$T = T + \Delta t$，若 $T < 2U$，返回步骤（3），否则执行步骤（6）。

（6）把每组 (T, S) 取值的期望单位时间总费用进行比较，求出最小的单位时间总费用 Ec_0^* 及其对应的 T^* 和 S^*。

由于对采用成组更换策略系统的仿真优化过程与采用工龄更换策略系统的仿真优化过程一致，这里不再过多赘述。

7.4 算例求解与分析

以一个单部件系统为例，系统采用成组更换策略且订购后补货时间忽略不计。系统各部件的故障时间服从威布尔分布，其中尺度参数 $\alpha = 100$ 天，形状参数 $\beta = 2$。假设每次成组更换的费用 $C_p = 100$ 元，每次故障更换的费用 $C_f = 300$ 元，每次订购费用 $K = 100$ 元，单位库存费用 $h = 5$ 元/（个·天），单位缺货损失 $p = 50$ 元/天。假设每次对系统进行优化时的仿真次数 $N = 10000$。$t = 0$ 时刻系统至少要有一个备件，即系统的最大库存水平 $S \geqslant 1$。

7.4.1 成组更换周期优化

当备件的订购间隔期 t_0 及最大库存水平 S 都固定不变时，对备件的成组更换周期 T 进行优化，所以假设 $t_0 = 180$ 天，$S = 10$。当订购间隔期 t_0 及最大库存水平 S 一定时，成组更换周期 T 越短，单位时间内预防维修费用越高，成组更换周期 T 太长，系统的故障维修费用会升高。

假设 $T_{\text{mat}} = [10:10:100]$，对成组更换周期 T 进行优化，如表 7-1 所示。

表 7-1 每个 T 值对应的一组最优解和单位时间总费用

T /天	S /个	t_0 /天	c_0 /（元/天）
10	5	180	53.8325
20	5	180	43.6648
30	5	180	**34.5763**①

续表

T /天	S /个	t_0 /天	c_0 /（元/天）
40	5	180	34.5950
50	5	180	35.8864
60	5	180	37.1453
70	5	180	37.7974
80	5	180	38.5403
90	5	180	39.2415
100	5	180	39.4314

① 标记的为最小单位时间总费用。

假设 T_{mat}=[20：40]，其他取值不变，继续对工龄更换周期 T 进行优化计算，如表 7-2 所示。

表 7-2　每个 T 值对应的一组最优解和单位时间总费用

T /天	S /个	t_0 /天	c_0 /（元/天）
20	5	180	43.6848
21	5	180	42.6746
22	5	180	41.7617
23	5	180	40.7638
24	5	180	39.8852
25	5	180	38.9159
26	5	180	38.0657
27	5	180	37.1346
28	5	180	36.2863
29	5	180	35.3930
30	5	180	34.5816
31	5	180	34.3902

续表

T /天	S /个	t_0 /天	c_0 /（元/天）
32	10	180	34.3917
33	10	180	34.2849
34	10	180	34.2761
35	10	180	34.2423
36	10	180	**34.0385**[①]
37	10	180	34.1449
38	10	180	34.3212
39	10	180	34.4333
40	10	180	34.6226

① 标记的为最小单位时间总费用。

为了更加直观地得出成组更换周期T与单位时间总费用的关系，根据表 7-2 绘出图 7-4。

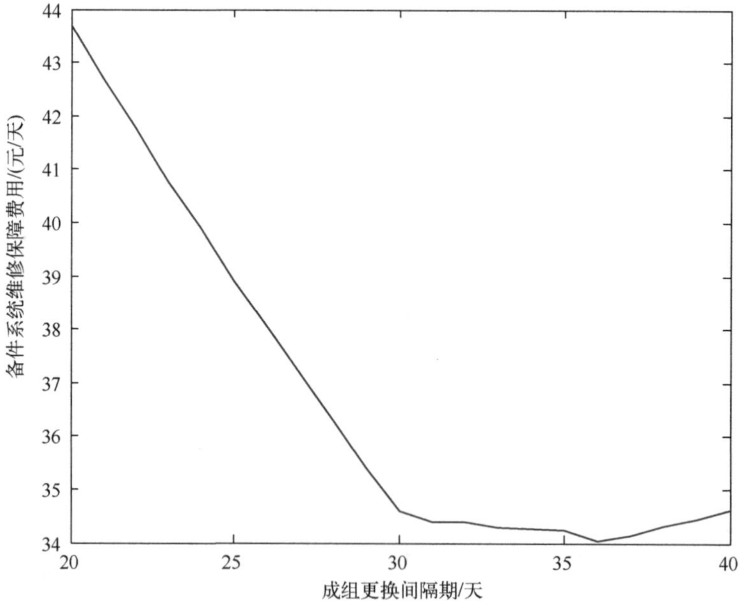

图 7-4　T 与单位时间总费用对应的关系

所以当 $t_0=180$ 天，S=5 时，可以取得 T=36 天使得单位时间总费用最小，为 34.0385 元/天。

7.4.2　成组更换周期和最大库存水平联合优化

当订购间隔期 t_0 一定时，成组更换周期 T 越短，单位时间内预防维修费用越高，成组更换周期 T 太长，系统的故障维修费用会升高。

假设 $S_{mat}=[1:10]$、T_{mat}=[10：10：150]，对成组更换周期 T 和最大库存水平 S 进行联合优化，如表 7-3 所示。

表 7-3　每个 S 值对应的一组最优解和单位时间总费用

T /天	S /个	t_0 /天	c_0 /（元/天）
120	1	180	33.1402
100	2	180	**29.1649**①
70	3	180	29.4975
50	4	180	31.8170
30	5	180	34.5466
30	6	180	36.8329
30	7	180	41.2482
20	8	180	42.0818
20	9	180	45.6677
20	10	180	50.4314

① 标记的为最小单位时间总费用。

假设 $S_{mat}=[1:10]$、T_{mat}=[91：110]，继续对成组更换周期 T 和最大库存水平 S 进行联合优化计算，如表 7-4 所示。

表 7-4 每个 S 值对应的一组最优解和单位时间总费用

T /天	S /个	t_0 /天	c_0 /（元/天）
109	1	180	33.5662
92	2	180	**29.0409**①
91	3	180	30.6673
92	4	180	34.5926
91	5	180	39.2650
91	6	180	44.1833
91	7	180	49.1335
91	8	180	54.1322
91	9	180	59.1826
91	10	180	64.1585

① 标记的为最小单位时间总费用。

为了更加直观地看到单位时间总费用 c_0 随成组更换周期 T 和最大库存水平 S 的变化情况，绘制三维曲面图 $(t_0 = 180)$，如图 7-5 所示。总体来看，成组更换周期 T 越小，单位时间总费用 c_0 越大；最大库存水平 S 越大，单位时间总费用 c_0 越大。

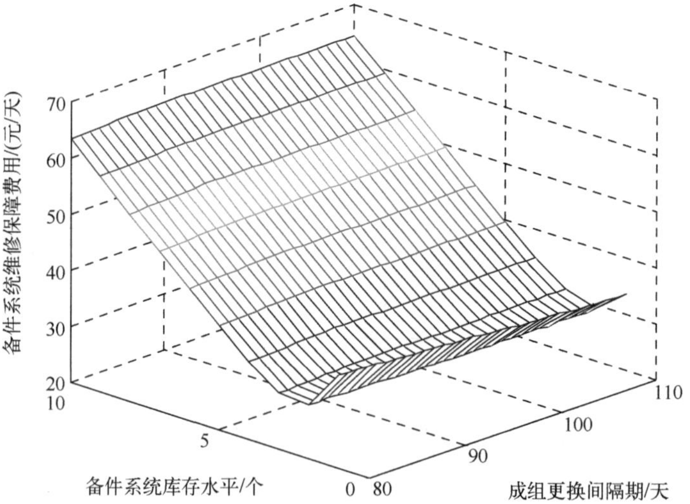

图 7-5 $S-T-c_0$ 曲面

当 $t_0 = 180$ 时，成组更换周期为 92 天、最大库存水平为 2，可使得单位时间总费用最小，为 29.0409 元/天。

7.4.3　最大库存水平和订购间隔期联合优化

当备件的成组更换周期 T 固定不变时，同时对备件的最大库存水平 S 和订购间隔期 t_0 进行优化，所以假设 $T = 90$。当工龄更换周期 T 一定时，最大库存水平 S 越小，单位时间内库存费用越低，但是缺货概率会升高；订购间隔期 t_0 太长，缺货概率会升高；订购间隔期 t_0 太短，订购费用会升高。

假设 S_{mat}=[1：10]、t_{0mat}=[30：30：360]，计算相应的数值，对系统进行优化。

根据仿真结果绘制 $S - t_0 - c_0$ 曲面，如图 7-6 所示。

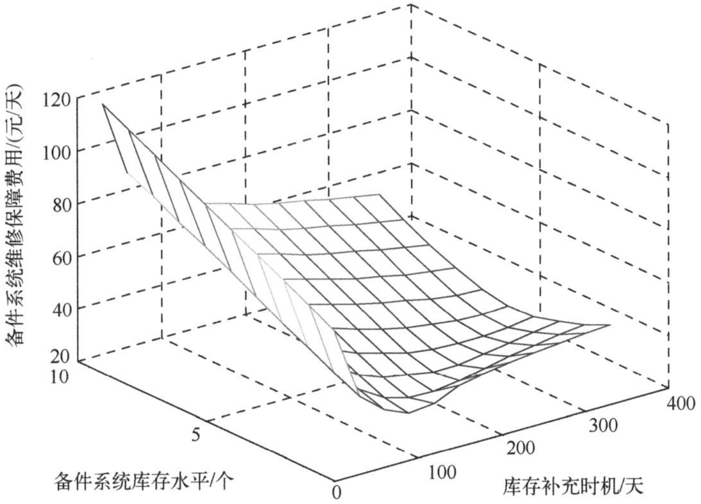

图 7-6　$S - t_0 - c_0$ 曲面

当成组更换周期为 90 天时，订购间隔期为 210 天、最大库存水平为 2，可使得单位时间总费用最小，为 29.0368 元/天。

7.4.4 成组更换周期和订购间隔期联合优化

当备件的最大库存水平 S 固定不变时，同时对备件的成组更换周期 T 和订购间隔期 t_0 进行优化，所以假设最大库存水平 $S=3$。当最大库存水平 S 一定时，成组更换周期 T 越短，单位时间内预防维修费用越高，成组更换周期 T 太长，系统的故障维修费用会升高。订购间隔期 t_0 越大，缺货概率越高；订购间隔期 t_0 越小，订购费用越高。

假设 $T_{\text{mat}}=[10:10:100]$、$t_{0\text{mat}}=[30:30:360]$，对系统进行优化。根据仿真结果绘制单位时间总费用 c_0 随工龄更换周期 T 和订购间隔期 t_0 变化情况的三维曲面，如图 7-7 所示。

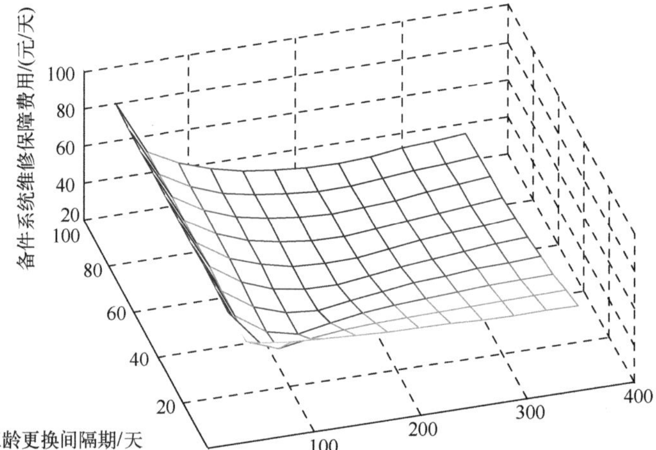

图 7-7　$T-t_0-c_0$ 曲面

当最大库存水平为 3 时，成组更换周期为 80 天、订购间隔期为 210 天，可使得单位时间总费用最小，为 29.0253 元/天。

7.4.5 成组更换与备件库存策略联合优化

当备件的订购间隔期 t_0、最大库存水平 S 和成组更换周期 T 都不固定时，对备件的维修策略和库存控制策略进行联合优化。

假设 S_{mat} =[1∶5]、T_{mat}=[60∶10∶150]、t_{0mat}=[30∶30∶300]，对单位时间总费用 c_0 进行优化，如表 7-5 所示。

表 7-5　每个 t_0 值对应的一组最优解和单位时间总费用

T /天	S /个	t_0 /天	c_0 /（元/天）
110	1	30	69.9876
80	1	60	41.7466
70	1	90	32.7615
100	1	120	30.2991
90	2	150	29.2072
90	2	180	**28.8239**①
90	3	210	29.1042
90	3	240	29.0212
110	3	270	29.6675
110	4	300	30.2815

① 标记的为最小单位时间总费用。

目前条件下最大库存水平为 2、成组更换周期为 90 天、订购间隔期为 180 天，可使得单位时间总费用最小，为 28.8239 元/天。如果想细化结果，可假设 S_{mat}=[1∶5]、T_{mat}=[70∶100]、t_{0mat}=[140∶10∶200]，继续进行优化，如表 7-6 所示。

表 7-6　每个 T 值对应的一组最优解和单位时间总费用

T /天	S /个	t_0 /天	c_0 /（元/天）
78	2	140	29.3226
92	2	150	28.8523
86	2	160	28.7407

续表

T /天	S /个	t_0 /天	c_0 /（元/天）
99	2	170	**28.5682**①
92	2	180	28.6794
96	2	190	28.9427
83	3	200	28.8945

① 标记的为最小单位时间总费用。

存在最优解最大库存水平为 2、成组更换周期为 99 天、订购间隔期为 170 天，可使得单位时间总费用最小，为 28.5682 元/天。

第 8 章　基于状态的维修策略与备件库存决策联合优化模型

本章首先针对停机损失较大需进行状态监测的设备，定量描述设备性能退化规律；其次结合相应的备件订货策略，分析一定预防性维修阈值下备件消耗和库存变化过程；最后按照决策目标进行设备状态维修时机、备件最大库存量等的联合优化。

8.1　基于状态的维修策略下备件库存控制过程

由于延迟时间模型可以更好地处理有故障征兆产品的维修建模，针对停机损失较大需进行定期功能检测的设备，提出一种基于 DTM 的功能检测策略与备件库存联合优化策略，分析其功能检测过程中的库存变化规律，采用延迟时间理论描述了其功能退化过程，建立功能检测策略与备件库存联合决策模型，以得到最佳的最大备件库存水平和功能检测周期、库存补充时机。

8.1.1　问题描述与过程分析

本章考虑这样一类问题，即系统的意外停机将造成较大损失，甚至还会导致灾难性后果。因而，有必要在故障前采取功能检测的措施，当发现维修对象出现“潜在故障”时就进行调整、维修或更换，从而避免功能故障的发生。

起始时刻库存量为 S 个备件的系统可看作由 $S+1$ 个相同部件组成的冷储备系统。对于功能检测策略下的单设备系统，其备件的供应保障可以采用 (t_0,S) 库存控制策略，如图 8-1 所示，即从上一次到货算起，每隔时间 t_0 进行一次库存检查，并发出一次订购；假定检查时库存量为 I，则订购批量为 $S-I+1$，把现有库存补充到最大库存水平 S，此时库存进入下一个循环周期。

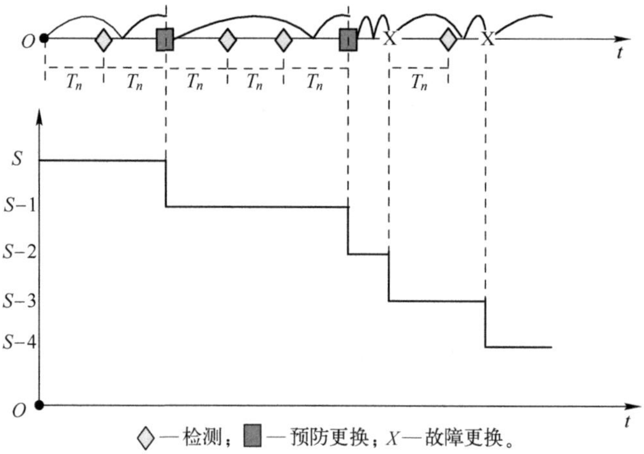

图 8-1　备件库存消耗示意图

然而，需要注意的是，在该策略下进行备件更换的时机与传统预防性更换策略不同，有三种情形：

（1）在功能检测时，发现设备仍处于初始时间阶段，此时不进行备件更换。

（2）在功能检测时，发现设备处于延迟时间阶段，此时进行备件更换。

（3）在功能检测之前，设备发生功能故障，此时进行备件更换。

本章提出了 (T_n,t_0,S) 策略，即备件初始库存水平为 S，在使用过程中，每经过间隔期 T_n 对设备进行一次功能检测，若发现其处于潜在故障阶段则进行更换，否则继续使用以充分利用其剩余寿命；如果设备在实施功能检测之前发生了功能故障，则对其进行更换。到达 t_0 时，不管设备状态如何，都进行更换；同时，将库存水平补充到 S。此时，需要优化的变量有最大库存水平 S、功能检测周期 T_n 和库存补充时机 t_0。

因此，该备件系统在订购期内的库存可能出现两种情况：①订购期内的备件实际需求量小于备件库存量，订货时有剩余备件库存；②订购期内的备件实际需求量大于备件库存量，订货之前出现缺货。

8.1.2 基于状态的维修策略下寿命分布规律分析

在各种数据分析方法中，极大似然估计法最适用于 DTM 数据的处理，因为极大似然估计法只需明了各个更新事件的概率密度函数，然后对似然函数（即各事件密度函数乘积）求极大值，即可得出未知参数。下面对 DTM 数据的极大似然估计法进行介绍。

假设对某产品以检测间隔期 T 进行功能检测，检测时刻为 iT，$i=1,2,3,\cdots$。在检测时，若发现缺陷，则立即更换；否则，产品继续工作直到发生故障或下次的检测；在两次连续的检测中，一旦发现故障，则立即更换新品。

通过对部件进行有计划的检测，经过一段时间的检查，可获取如下信息：

（1）分别在时刻$(t_1,t_2,\cdots,t_j,\cdots,t_{NF})$共进行了 NF 次故障更新。

（2）分别在时刻$(t^1,t^2,\cdots,t^k,\cdots,t^{NI})$共进行了 NI 次检测更新。

检测结束时刻 t，产品仍在正常工作。

那么，根据极大似然估计的基本原理，可以写出观察期间所有更新事件发生的似然函数，即各事件的概率乘积：

$$L=\left\{\prod_{j=1}^{NF}p_f(t_j)\cdot\prod_{k=1}^{NI}P_i(t^k)\right\}\cdot P_n(t) \tag{8-1}$$

式中：$p_f(t_j)$ 为在时刻 t_j 进行第 j 次故障更新的密度函数；$P_i(t^k)$ 为在时刻 t^k 进行第 k 次检测更新的概率；$P_n(t)$ 为在观察期结束时刻 t 内没有更新事件发生的概率。

需要注意的是，上述所有的时间都是当地时间，它们以上一次更新点为起始时间。

为了便于计算，此处用 $\log L$ 代替 L,因此，log 的似然函数表达式为

$$\log L=\sum_{j=1}^{NF}\log[p_f(t_j)]+\sum_{k=1}^{NI}\log[P_i(t^k)]+\log[P_n(t)] \tag{8-2}$$

如果观测的概率可用公式表示，那么就可根据所观测结果得到 log 似然函数的表达式，再通过最大化 $\log L$ 获得分布的参数估计。

在理想检测的情况下，利用基本延迟时间理论，可得

$$\begin{cases} p_f(t_j)=\int_{nT}^{t_j} g(u)f(t_j-u)\mathrm{d}u \\ P_i(t^k)=\int_{mT}^{t^k} g(u)[1-F(t^k-u)]\mathrm{d}u \\ P_n(t)=1-G(t)+\int_{t_l}^{t} g(u)(1-F(t-u))\mathrm{d}u \end{cases} \tag{8-3}$$

式中：nT 为以上次更新点为起始时间，第 j 次故障更新的前一次检测时间，$n=\mathrm{int}(t_j/T)$；mT 为以上次更新点为起始时间，第 k 次检测更新的前一次检测时间，$t_m=t^k-T$；t 为以上次更新点为起始时间观测结束时的时间，且观测结束时单元仍在工作；t_l 为观测结束之前的前一次检测时间，$l=\mathrm{int}(t/T)$。

若已知故障更新时间，检测更新时间以及观察结束时单元的工作状态，那么根据初始时间和延迟时间的分布类型，将似然函数最大化来估计分布参数。

8.2 备件系统维修保障费用结构与建模

与系统备件消耗过程相对应，在备件供应过程中所需的费用也有两种

情况：一是到达订购期 t_0 备件仍有剩余时，所对应的费用包括维修费用（预防性更换和故障后更换费用）、库存费用、订购费用、到货后的预防性更换费用；二是到达 t_0 前备件已消耗完时，所对应的费用除了上面 4 种，还有缺货损失。

由于备件维修与消耗涉及的变量较多，采用解析建模的难度较大，这里采用仿真的方式对上述过程进行描述与优化。鉴于在一个订购期内主要有库存有剩余和库存缺货两种情况，这里分别分析上面两种情形下的总费用情况及其建模方法。假设在 $[0, t_0)$ 内每次更换的运行时间点为 K_i，则一个订购期内的总费用 C_{Total} 可分为以下两种情况来计算。

1．到达订购期时库存无缺货

此时，在 $[0, t_0)$ 内共进行了 N_i 次检测，N 次更换（$N \leqslant S$），且最后一次更换后可运行到补充库存。其中，检测更新 N_p 次，故障更新 N_f 次；所产生的费用包括定期检测费用、预防性更换费用、故障后更换费用、库存费用、订购费用、库存补充时机的预防性更换费用。

定期检测费用为 $C_n = c_n \cdot N_i$；

预防性更换费用为 $C_p = c_p \cdot N_p$；

故障后更换费用为 $C_f = c_f \cdot N_f$；

库存费用为 $C_h = [K_1 + K_2 + \cdots + K_N + (S - N) \cdot t_0] \cdot c_h$；

订购费用为 $C_o = c_o + (N+1) \cdot c_b$；

库存补充时机的预防性更换费用为 c_p；

综上，一个订购期内的总费用为

$$C_{\text{Total}} = c_n \cdot N_i + c_p \cdot N_p + c_f \cdot N_f + [K_1 + K_2 + \cdots + K_N + (S - N) \cdot t_0] \cdot c_h + c_o + (N+1) \cdot c_b + c_p \tag{8-4}$$

2．到达订购期前库存缺货

此时，在 $[0, t_0)$ 内发生的更换次数 $N=S$，且最后一次更换后没有运行到补充库存。假设最后一次更换后，发生故障的时刻为 K_{S+1}，小于 t_0。则过程中所产生的费用除了上面情况中的几项，还包括缺货损失费用。

定期检测费用为 $C_n = c_n \cdot N_i$；

预防性更换费用为 $C_p = c_p \cdot N_p$；

故障后更换费用为 $C_f = c_f \cdot N_f$；

库存费用为 $C_h = [K_1 + K_2 + \cdots + K_S] \cdot c_h$；

订购费用为 $C_o = c_o + (S+1) \cdot c_b$；

库存补充时机的预防性更换费用为 c_p；

缺货损失费用为 $C_{\text{los}} = (t_0 - K_{S+1}) \cdot c_{\text{los}}$；

综上，一个订购期内的总费用为

$$C_{\text{Total}} = c_n \cdot N_i + c_p \cdot N_p + c_f \cdot N_f + [K_1 + K_2 + \cdots + K_S] \cdot c_h + c_o + (S+1) \cdot c_b + c_p + (t_0 - K_N) \cdot c_{\text{los}} \quad (8-5)$$

8.3 基于状态的维修与备件库存控制仿真过程分析

模型优化的目标是通过确定最佳的变量：最大库存水平 S、功能检测周期 T_n 和库存补充时机 t_0，使得单位时间的期望总费用 EC 最低。本节利用 MATLAB 软件对模型进行迭代仿真来实现优化求解，仿真过程如图 8-2 所示。其主要步骤如下：

（1）仿真过程与参数初始化，根据设备的实际使用情况，给定其从投入使用到出现性能退化的时间、从性能退化发展到功能故障时间的分布函数及参数、最大库存水平 S、状态检测周期 T_n 和库存补充时机 t_0，以进行后续过程的仿真优化。

（2）产生第一个备件的初始时间 u、延迟时间 h。分别给定其分布形式与参数，通过运行编制的计算机程序，可以得到该备件的寿命 $t=u+h$。

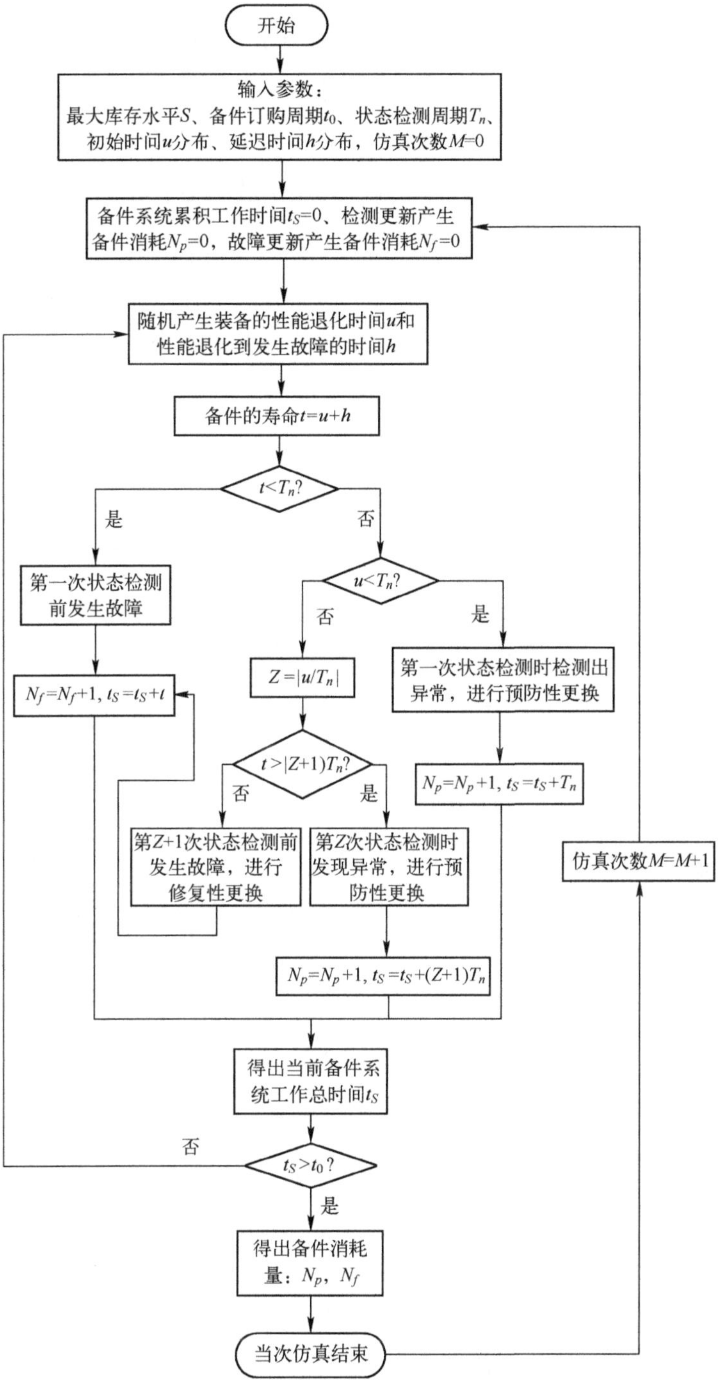

图 8-2　状态检测策略下备件消耗仿真过程

（3）结合状态检测策略，判断备件后续的工作和维修情况。如果 $t<T_n$，说明其不能工作到后面第一次状态检测时刻，会在之前发生故障，此时进行故障更新，产生备件消耗，N_f 会增加 1 个，备件系统累积工作时间 t_S 增加 t。相反，需要继续判断备件是发生检测更新还是故障更新。

（4）当 $t\geqslant T_n$ 时，判断 u 与 T_n 的大小关系。如果 $u<T_n$，说明第一次状态检测时检测出异常，进行预防性更换，产生备件消耗，N_p 会增加 1 个，备件系统累积工作时间 t_S 增加 T_n；否则，还需结合 h 的大小判断后续是发生检测更新还是故障更新。

（5）令 $Z=\lfloor u/T_n \rfloor$，若 $u+h > (Z+1)T_n$ 时，说明在进行第 Z 次状态检测时发现异常，进行预防性更换，产生备件消耗，N_p 会增加 1 个，备件系统累积工作时间 t_S 增加 $(Z+1)T_n$；否则，说明在进行第 $Z+1$ 次状态检测时发生故障，产生备件消耗，N_f 会增加 1 个，备件系统累积工作时间 t_S 增加 t。

（6）继续产生随机数 u、h，直到备件系统工作时间达到库存补充时机 t_0，可获取检测更新次数 N_p，故障更新次数 N_f，以及每次更新的时刻。这样可根据上面建立的数学模型，计算得到该设备备件系统的维修保障费用 C_{Total}。

（7）重复上面步骤，利用计算机将设备运行及备件供应过程仿真 M 次，然后根据仿真结果将得到的费用 $C_{\text{Total}}^m\ (m=1,2,\cdots,M)$ 进行统计处理，即可得该备件系统单位时间的期望维修保障费用为 $\text{EC}=\sum_{m=1}^{M} C_{\text{Total}}^m \Big/ (M\cdot t_0)$。

8.4 算例求解与分析

为验证模型的有效性，本节对模型进行了数值检验。假定某单设备系统中产品的初始时间和延迟时间都服从 Gamma 分布，其中 α 为尺度参数，β 为形状参数。其各项费用分别为定期检测费用 c_n、预防性更换费用 c_p、故障后更换费用 c_f、单位时间库存费用 c_h、订购费用 c_o、单位时间停机损失 c_{los}，取值如表 8-1 所示，仿真次数取 N=10000 次。

表 8-1　算例中各参数的取值

参数	c_n	c_p	c_f	c_h	c_o	c_b	c_{los}	初始时间		延迟时间	
								α_u	β_u	α_h	β_h
取值	100	1000	5000	50	200	100	2000	50	3	40	3
单位	元	元	元	元/天/个	元	元	元/天	天	—	天	—

8.4.1　检测周期优化

给定一组（S，t_0）值，列出当 T_n 取不同值[10∶10∶100]时对应的期望费用值，以及最优值。图 8-3 显示的是当 S=5，t_0=300 天时，不同检测期所对应的期望费用值，其中当 T_n=30 天时，所得费用最低，为 241.0374 元/天，如表 8-2 所示。

表 8-2　S=5，t_0=300 天时，采用不同检测期 T_n 所对应的期望费用值

T_n 的取值/天	对应的期望费用最优值/（元/天）
10	320.4950
20	256.5805
30	**241.0374**①
40	242.9845
50	245.4112
60	247.2064
70	252.8965
80	264.2478
90	273.7661
100	243.2331

① 标记的为最小单位时间总费用。

假设 $T_{n\text{mat}}$=[20∶40]，其他取值不变，继续对检测间隔期进行优化计算。

计算结果如表 8-3 所示，可得当检测间隔期为 31 天时，所得费用最低，为 239.3770 元/天，如表 8-3 所示。

表 8-3　S=5，t_0=300 天时，采用不同检测期 T_n 所对应的期望费用值

T_n 的取值/天	对应的期望费用最优值/（元/天）
20	257.2622
21	253.7180
22	251.7499
23	249.7817
24	248.2990
25	245.3080
26	245.1694
27	242.7735
28	240.6055
29	241.5602
30	240.4579
31	**239.3770**①
32	242.3639
33	240.7016
34	239.6231
35	240.5420
36	241.1839
37	242.6525
38	241.3383
39	241.9752
40	242.9175

① 标记的为最小单位时间总费用。

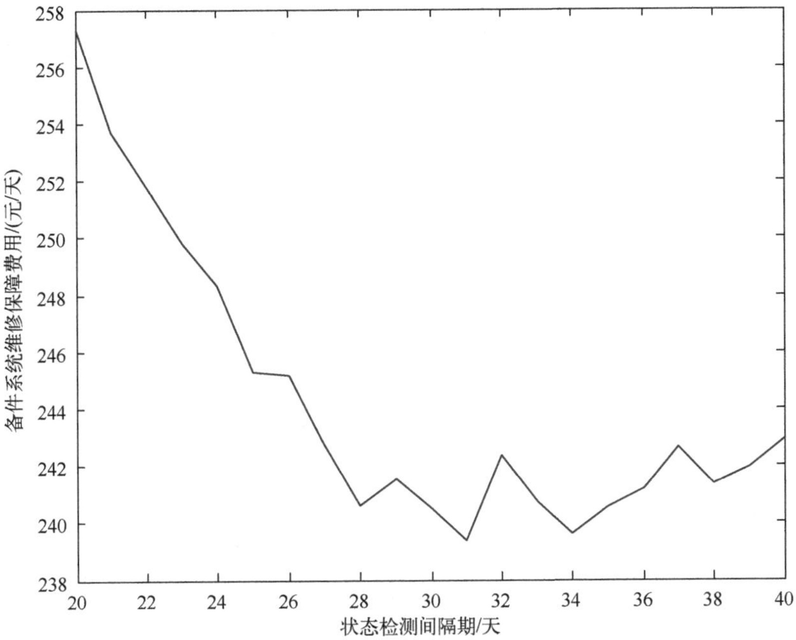

图 8-3　当 S=5，t_0=300 天时，期望费用值关于检测期 T_n 的二维图

8.4.2　检测周期和最大库存水平联合优化

当订购间隔期 t_0 为 300 天，假设 S_{mat} =[1：10]、$T_{n\text{mat}}$=[10：10：150]，利用 MATLAB 计算软件，对检测周期 T_n 和最大库存水平 S 进行联合优化。可得当 S=4 个，T_n=70 天时，对应的费用最优值为 208.2605 元/天，如表 8-4 所示。

表 8-4　每个 S 值对应的一组最优解和单位时间总费用

T_n/天	S/个	t_0 /天	c_0 /（$\times 10^3$ 元/天）
100	1	300	1.0281
100	2	300	0.5616

续表

T_n/天	S/个	t_0 /天	c_0 /（×10^3 元/天）
100	3	300	0.2358
70	4	300	**0.2083**①
30	5	300	0.2404
20	6	300	0.2680
10	7	300	0.3077
10	8	300	0.3558
10	9	300	0.4056
10	10	300	0.4558

① 标记的为最小单位时间总费用。

假设 $S_{\text{mat}}=[1:10]$、$T_{n\text{mat}}=[60:80]$，继续对检测周期 T_n 和最大库存水平 S 进行联合优化计算，如表 8-5 所示。

表 8-5 每个 S 值对应的一组最优解和单位时间总费用

T_n/天	S/个	t_0 /天	c_0 /（×10^3 元/天）
80	1	300	1.0929
80	2	300	0.6588
80	3	300	0.2705
67	4	300	**0.2076**①
61	5	300	0.2465
61	6	300	0.2966
60	7	300	0.3463
61	8	300	0.3966
61	9	300	0.4469
61	10	300	0.4964

① 标记的为最小单位时间总费用。

为了更加直观地看到单位时间总费用 c_0 随检测周期 T 和最大库存水平 S 的变化情况，绘制三维曲面，如图 8-4 所示。当 t_0 为 300 天时，检测周期为 67 天、最大库存水平为 4 可使得单位时间总费用最小，为 207.5676 元/天。

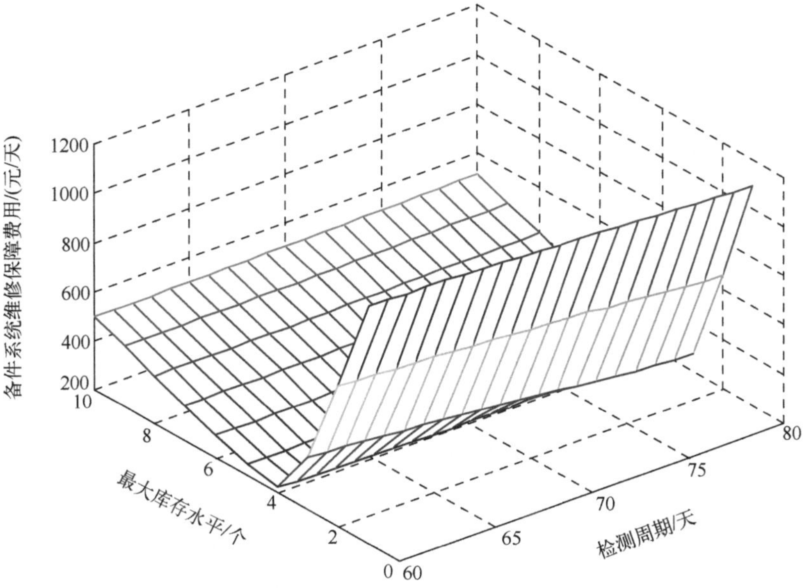

图 8-4　$S-T_n-c_0$ 曲面

8.4.3　最大库存水平和订购间隔期联合优化

当备件的检测周期 T_n 固定不变时，同时对备件的最大库存水平 S 和订购间隔期 t_0 进行优化。假设检测周期 T_n 为 60 天，$S_{\text{mat}}=[1:10]$、$t_{0\text{mat}}=[30:30:360]$，计算相应的数值对系统进行优化。

根据仿真结果绘制 $S-t_0-c_0$ 曲面，如图 8-5 所示。

当检测周期 T_n 为 60 天时，订购间隔期为 240 天、最大库存水平为 2 可使得单位时间总费用最小，为 180.4978 元/天。

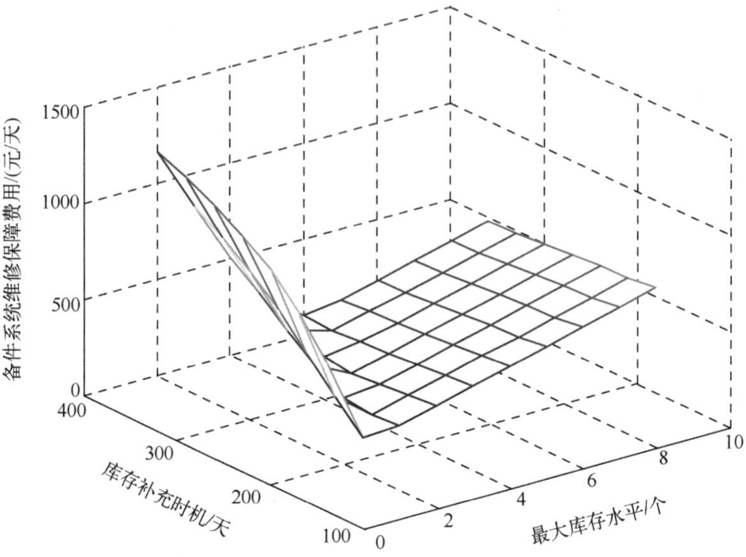

图 8-5 $S-t_0-c_0$ 曲面

8.4.4 检测周期和订购间隔期联合优化

当备件的最大库存水平 S 固定不变时，同时对备件的检测周期 T_n 和订购间隔期 t_0 进行优化。假设最大库存水平 $S=3$，$T_{n\text{mat}}$=[10∶10∶100]、$t_{0\text{mat}}$=[30∶30∶360]，计算相应的数值对系统进行优化。根据仿真结果绘制单位时间总费用 c_0 随检测周期 T_n 和订购间隔期 t_0 变化情况的三维曲面，如图 8-6 所示。

当最大库存水平为 3 时，检测周期为 60 天、订购间隔期为 210 天可使得单位时间总费用最小，为 180.7148 元/天。

8.4.5 基于状态的维修与备件库存策略联合优化

当备件的订购间隔期 t_0、最大库存水平 S 和检测周期 T_n 都不固定时，对备件的维修策略和库存控制策略进行联合优化。假设 S_{mat}=[1∶5]、$T_{n\text{mat}}$=[10∶10∶100]、$t_{0\text{mat}}$=[130∶10∶260]，计算相应的数值对单位时间总费用 c_0 进行优化，如表 8-6 所示。可见，当 t_0=150 天时，对应的 S=2 个、检测期 T_n=60 天，费用最优值为 152.0949 元/天，如表 8-6 所示。

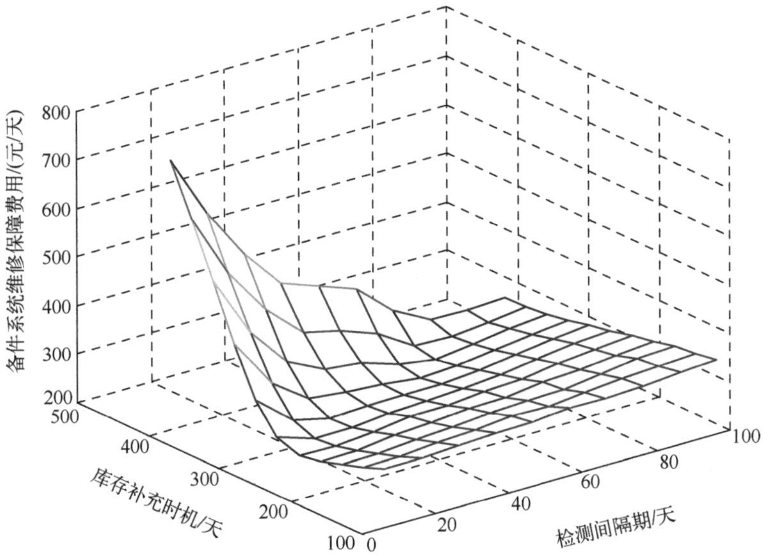

图 8-6 $T_n - t_0 - c_0$ 曲面

表 8-6 每个 t_0 值对应的一组最优解和单位时间总费用

T_n/天	S/个	t_0 /天	c_0 /（元/天）
50	2	130	156.1405
50	2	140	154.9908
60	2	150	**152.0949****
60	2	160	153.0241
70	2	170	154.6596
70	2	180	157.7942
80	2	190	166.2821
80	2	200	177.4981
60	3	210	180.2588
60	3	220	180.1148
70	3	230	181.5458

续表

T_n/天	S/个	t_0 /天	c_0 /（元/天）
70	3	240	181.9124
70	3	250	187.6658
80	3	260	191.5001

本章针对需进行定期功能检测的设备，研究并建立了其基于状态的维修策略与备件库存策略联合优化模型，对设备功能检测周期、备件最大库存水平、备件订购周期等决策变量进行了联合优化。

参 考 文 献

[1] 高崎. 军械维修器材管理学[M]. 北京：国防工业出版社, 2012.

[2] BEN-DAYA M，DUFFUAA S O，RAOUF A，et al. 维修工程与管理手册[M]. 胡起伟，白永生，赵建民，等译. 北京：国防工业出版社，2017.

[3] 朱一飞，黄国策. 备件储备量的马尔可夫决策模型研究[J]. 空军工程大学学报（自然科学版），2001, 2(2): 91-94.

[4] 李瑾，宋建设，王正元，等. 备件消耗预测仿真方法研究[J]. 计算机仿真，2006(12): 306-309.

[5] 贾希胜. 以可靠性为中心的维修决策模型[M]. 北京：国防工业出版社，2007.

[6] 李锋. 库存系统分析与控制策略研究[D]. 成都：西华大学，2007.

[7] BREZAVSCEK A, HUDOKLIN A. Joint optimization of block-replacement and periodic-review spare-provisioning policy[J]. IEEE Transactions on Reliability, 2003, 52 (1): 112-117.

[8] HUANG R Q, MENG L L, XI L F, et al. Modeling and analyzing a joint optimization policy of block-replacement and spare inventory with random-leadtime[J]. IEEE Transac tions on Reliability, 2008,57 (1): 113–124.

[9] HU R B, YUE C Y, XIE J. Joint optimization of age replacement and spare ordering policy based on genetic algorithm[C]//Proceedings of the 2008 International Conference on Computational Intelligence and Security, 2008: 156-161.

[10] HU Q W, BAI Y S, ZHAO J M, et al. Modeling spare parts demands forecast under two-dimensional preventive maintenance policy [J]. Mathematical Problems in Engineering, 2015(4):1-9. DOI.10.1155/2015/728241.

[11] SYNTETOS A A, BOYLAN J E. The accuracy of intermittent demand estimates [J]. International Journal of forecasting, 2005, 21(2): 303-314.

[12] STEVENSON W J. Operations management: Theory and practice [M]. 11th. New York:

McGraw-Hill Irwin, 2011.

[13] KUMAR U D, KNEZEVIC J. Availability based spare optimization using renewal process [J]. Reliability Engineering & System Safety, 1998, 59(2): 217-223.

[14] SHEIKH A K, YOUNAS M, RAOUF A. Reliability based spare parts forecasting and procurement strategies [M] // Ben-Daya M，Doffuaa S O，Raouf A (eds). Maintenance, Modeling and Optimization. New York: Springer, 2000: 81-110.